JN261926

ニャンクチュアリ

著＝佐藤ピート
写真＝岡本成生

イースト・プレス

はじめに

猫の聖地「ニャンクチュアリ」へようこそ

近年、〝猫旅〟に出かけるようになりました。

猫の島、猫の町……。国内・外を問わず、たくさんの猫が暮らす地域は少なくありません。猫に会うためだけに、そうした場所を訪れる。猫好きでない人から見れば「酔狂」でしかないかもしれませんが、知らない場所を、猫たちとの出会いを求めてひたすら歩き回るのは、猫好きにしかわからない醍醐味です。

猫は不思議な存在です。

人間に媚びることなく、我が道を行く。自由気ままに生きているだけなのに、ときに笑わせてくれ、ときに心を和ませてくれ、そしてときには神秘的な様子も見せる……。

その不思議さゆえかどうか、愛くるしい表情やしぐさで人間からかわいがられる一方で、昔から猫は〝神様〟として崇められてもきました。日本各地には、猫を〝神様〟として祀る神社や寺院がたくさんあるのです。私の〝猫旅〟には、〝猫の神様〟に会うために、これらの寺社を訪れることも含まれています。

本書では、私がこれまでに体験した〝猫旅〟の一部を、PART1では「猫の聖地を巡る。」として猫の多い地域への旅を、PART2では「猫の神様に会いに行く。」として猫にまつわる寺社を、それぞれ紹介しています。

タイトル「ニャンクチュアリ」は、鋭い方ならもうお気づきかもしれませんが、「ニャン」と「サンクチュアリ」を合わせた造語です。

たくさんの猫がたおやかに、かつたくましく生きる地域、そして、〝猫の神様〟が祀られる寺社。これらの場所を、猫にとっての、猫好きにとっての〝聖地〟と呼ばずして何と呼べばいいのでしょう？

ということで、「猫」の「聖地」で「ニャンクチュアリ」。

たくさんの愛猫家が本書を手に取ってくださり、見て、読んで、行った気になって楽しんでくだされば幸いです。もちろん、これを機に、〝聖地〟に足を運んでくだされば、それほど嬉しいことはありません。

「ニャンクチュアリ」を訪れれば、猫のことがもっともっと好きになっていきます。猫を通してたくさんの発見や出会いもあるはずですし、何より、癒しという最大の〝ご利益〟を授かることができるのです。

「ニャンクチュアリに行って来たよ」

こんな会話が日本中のあちこちで飛び交うようになることを、私は願ってやみません。

佐藤ピート

長崎

うど
定

田代島

HAMAMARU

網地島

谷中

よみせ通り
日暮里駅
お弁当
毎週
水曜日

会

鞆の浦

尾道

真鍋島

ニャンクチュアリで見つけた お守り・お札・おみやげ

長崎

長崎の町と猫を描いた絵はがき。これもやはり町中で発見。

同じく「長崎まちねこ」。思案橋の「あんちゃん」。

長崎の町中で見つけた「長崎まちねこ」のマスコットストラップ。さまざまな種類があるけれど、写真は眼鏡橋の「しまちゃん」。

谷中

「ねんねこ家」のコーヒーに付いてくるお茶菓子はすべて猫モチーフ。食べるのがもったいない！

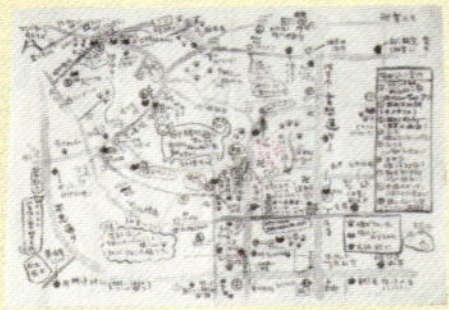

「ねんねこ家」オリジナル谷中の地図。猫との遭遇率が高いスポットもちゃんとマークされている。

真鍋島

船の切符売り場の窓口でひっそり売られていたマグネット。島の人が手作りしたものだそう。

王子神社

厄よけのお守り。

学業成就と交通安全のお守り。

パッチリした目が印象的な招き猫。願いが叶うと社殿に奉納する。

阿豆佐味天神社

高さ3㎝ほどの破魔矢を持つ猫は、愛猫のためのお守り。

お松大権現

七福神が猫の顔になっているユニークな「開運福鈴猫七福神」。写真は、人の寿命を握り、福寿を司る神「福禄寿」の猫バージョン。

ハートの中に猫二匹のお守りは縁結びに。丸い2つは交通安全のお札。裏側はステッカーになっていて、車に直接貼ることができる。商売繁盛のお守りもやっぱり猫。

日光東照宮

「奥宮」でしか求めることができない、眠り猫付きの叶鈴守。他に白とブルーも。

やはり「奥宮」限定。眠り猫が描かれた絵馬がモチーフになっている。

地方自治法施行60周年を記念して造幣局が平成25年1月に発行した500円の記念硬貨（台座付き）には、眠り猫と雀がデザインされている。

「商売発達」のお守りには、かわいいステッカーも付いている。

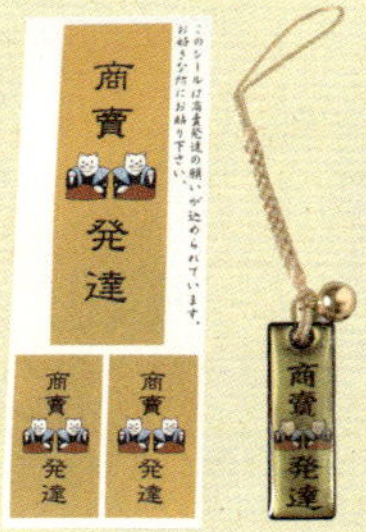

住吉大社

袴を着たユニークな招き猫は末社の「楠珺社」で求めることができる。ご利益は「初辰」にちなんで「商売発達」。

子どもたちや市民が製作して奉納した“狛猫”が絵はがきに。ポップでユニーク！

金刀比羅神社

日本で唯一の“狛猫”がモチーフになったストラップお守り。

今戸神社

招き猫発祥の地とされる今戸神社で授与される招き猫の種類はいろいろ。写真は3匹の猫が一体となった、高さ3㎝ほどの小さな招き猫。

縁結びのお守りにはペアの招き猫。

こちらはメダル風の縁結びお守り。もちろん描かれているのはペアの招き猫。

豪徳寺

お札にも、しっかりと猫が描かれている。

寺の繁栄を招いた「タマ」がモデルになっているとされる「招福猫児」。

檀王法林寺

お守りにはポップなイラスト入りのカードが付いてくる。

モノグラムのように猫が描かれたお守り。

小指の先ほどの小さな猫のお守りは財布などに入れて持ち歩いても。

金太郎飴風の猫のキャンディはおみくじ付き。芸大の学生とのコラボで誕生したものだとか。

江戸時代から続く珍しい黒い招き猫。

もくじ

PART 2

猫の神様に会いに行く。

PART I

猫の聖地を巡る。

長崎

はか、さか、ばか、ねこ——①

吉兆を物語る〝長崎ねこ〟との遭遇

「墓、坂、馬鹿」

長崎を形容するのに、こんな言葉がある。この地には、墓と坂と、そして馬鹿（人がいい、または「長崎くんち」などの祭にのぼせる人）が多いという意味だ。

だが、常々思っているのだけれども、長崎をあらわす言葉として「墓、坂、馬鹿」は、私にはどうにも物足りない。それが長崎だと言い切ってしまうのであれば、異議アリ！である。なぜなら、この地にはもうひとつ、特筆すべき存在があるからだ。

そう、猫、である。

日本全国津々浦々、猫で知られる場所は数々あるけれど、真っ先に私の頭に思い浮かぶのは長崎だ。町猫、家猫、看板猫……。長崎には驚くほど猫が多く、猫好きなら狂喜乱舞の猫パラダイス。というわけで、長崎といえば「墓、坂、馬鹿、猫」と、私は勝手に決めている。この言葉こそが、長崎を形容するに相応しい。それに、なんだかこっちのほうが響きがよくて、口にしやすい気がする。

はか、さか、ばか、ねこ、はか、さか、ばか、ねこ、はか、さか、ばか、ねこ……。ほら、やっぱり言いやすい。と、そんなことをブツブツつぶやきつつ、私はカメラマンO氏とともに空路、長崎を目指したのであった。

猫好きの私が長崎と最初に結び付いたのは、今から二、三年ほど前のことである。

そもそもの発端は「長崎には〝長崎ねこ〟と呼ばれる猫がいる」との噂を耳にしたことだった。「長崎ねこ」、初めて耳にする言葉だった。その正体を探るべく、私はさっそく現地へと飛んだのだ。

そのとき話を聞いた「長崎ねこ学会」（現在は活動休止中）なる団体によると、長崎は日本一野良猫が多いと言われているほどで、中でも特に多いのが「尾曲がり」（俗に言うところの「鉤尻尾《かぎしっぽ》」）猫。ということで、この団体では、尾曲がり猫のことを「長崎ねこ」と命名したらしい。

ちなみに、「長崎ねこ学会」は、「長崎ねこのルーツと、尾が曲がった原因を学術的ならぬ〝楽術的〟に探求する市民レベルのグループ」である。民法三四条に定められた公益法人とは何の関係もない、誰でも入会できる団体で、実際、私に話を聞かせてくれたのも、学者でもなんでもなく、その辺にいそうな普通のミドルエイジの男性たちだった。

しかし、そうは言っても、なかなか侮れない人々であった。結構調べていたりなんかして、有益な情報を私に与えてくれたのだ。だいたいにして、長崎に猫が多いことを私は彼らに教えられて初めて知った。京都大学で霊長類を研究している教授の調査結果では、都道府県別に見ると、尾曲がり猫の比率は長崎県がダントツで、県内の猫の七九％にものぼるとも教えてくれた。

きちんとした調査に裏付けられた数字を引っぱり出してくるところなど、いかにも〝学

会〟ぽいのだが、この団体のもっともらしさは、それはばかりではなかった。彼らは、長崎に尾曲がり猫が多い理由を、「オランダ貿易説」という独自の論で説いてもいたのだ。

それはつまりこうである。

古い絵画を観る限り、日本古来の猫は長くてまっすぐな尾を持ち、尾曲がり猫が登場するのは江戸時代後期になってから。その頃、長崎ではオランダとの貿易が行われていた。当時、オランダは東インド会社という貿易会社の現地本部をインドネシアのジャカルタに置いていたが、尾曲がり猫は、長崎以外では東南アジアのマラッカ海峡周辺に多く棲息することがわかっている。昔は長い航海をする際、船内のネズミ対策として、また、船員の愛玩用として猫を伴ったという。つまり、東インド会社の貿易船も、ジャカルタを出港して長崎に向かう際、尾曲がり猫を船に持ち込み、それが陸に降り立って長崎中に広まったのではないか――。

いかにも信憑性がありそうな説に私はすっかり感心し、尾曲がり猫を探して長崎の町を歩き回ったのであった。

それから二年半後、再び私は長崎の地に降り立った。

ホテルに荷物を預け、私たちはすぐに探索を開始した。最初に目指したのは眼鏡橋辺り。眼鏡橋は日本三大名橋のひとつに数えられる石造り二連のアーチ橋で、長崎市内の観光スポットだ。橋と川面に映る橋影を合わせると丸い眼鏡のように見えることから、

「眼鏡橋」と命名されている。その橋が架かる中島川沿いをぶらぶら歩いていたら、一階に美容室が入ったビルの前で一匹の猫に遭遇した。凛とした中にやんちゃな仔猫の面影を残す茶トラだった。

「おっ、幸先がいいね～」

私はひとりごちながらほくそ笑む。いきなり猫との遭遇。なんだか吉兆のように思えたのだが、幸先良く感じられたのは、そのコが、団子尻尾（クルンと巻いた尾がお尻に団子のようにくっ付いている尻尾）だったことも大いに関係していた。

実は、「長崎ねこ」とは基本的には鉤尻尾を持つ猫のことを言うが、長崎には他に、この団子尻尾を持つ猫と、途中で切れているように見える短い尻尾を持つ猫も多く、長崎ねこ学会では、この三種を総称して「尾曲がり猫（＝長崎ねこ）」とし、「尾曲がり三兄弟」という、ゆるキャラまでつくっているほどである。

私たちが出会った茶トラは、まさしく「長崎ねこ」だったのだ。

「なんだよぉ～。何、見とうと？」

私がニヤけた顔で見つめていると、彼はそう言いたげな顔でチラチラ私のほうを見ながらビルの前をウロウロしていたが、美容室から店主とおぼしきおかあさんが出てくると、タタッと彼女のほうに駆けて行った。

「トラちゃん、なんね？」

おかあさんが目尻を下げて言う。この猫は美容室のコではなく、近所の飼い猫らしい

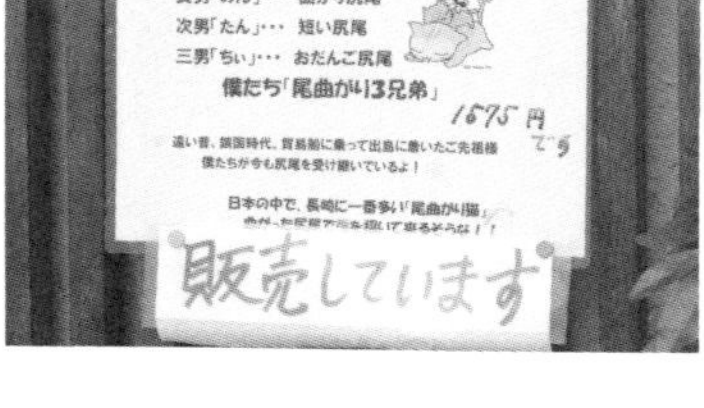

が、随分とおかあさんになついている様子。おかあさんの足に体をスリスリして甘えているではないか。私に対する態度とはえらい違いだ……。

「トラちゃんはコロンが上手よ〜。コロンしてみせてあげんね。ほら、コロンしてみんね」

いつもなら仰向けで地べたをコロコロ転がって愛嬌ある姿を見せるという。しかし、このときは結局、その愛らしい姿を見せてはくれなかった。

「よそ者の前でお腹は見せられんばい」

おかあさんの足元にまとわりつきながら、ときおりチラ、チラと私のほうを見る「トラちゃん」の目は、そんなことを暗に語っているようだった。

いつやって来たのか、気がつくと、少し離れたところから私たちの姿をじっと見つめる三毛猫がいた。おかあさんによると、名前は「ミーちゃん」。やはり近所で飼われている猫らしい。「トラちゃん」同様、ちゃんと首輪も付けている。

「ミーちゃんっ」

おかあさんが呼ぶと、テケ、テケと近づいてきたが、「トラちゃん」のようにスリスリしたりはしない。ちょっと距離を置いたところで、こちらの様子をじっと窺うだけだ。クールでいて、お茶目な顔つき。その姿が何とも言えず愛らしく、思わず私は彼女の側に行って手を差し出した。すると彼女はサッと駆けたかと思うと、塀の上にふわりと飛び乗って座り、相変わらず愛くるしい目でこちらを見つめる。

「おぉ〜」

その姿を見て、私は小さく歓声をあげた。なんと、塀に垂れ下がった彼女の尻尾は、紛れもなく尾曲がりだったのだ。

「吉兆、吉兆」

「ミーちゃん」の尻尾と「トラちゃん」の尻尾を交互に見ながら、私はつぶやかずにはいられなかった。

「観光スポット」は「猫スポット」の一石二鳥

既述した眼鏡橋のほかに、老舗和菓子店などが軒を連ねる昔ながらの商店街・中通り、国の重要文化財に指定されているお寺など一四もの寺院がある寺町、坂本龍馬が足繁く通った階段路の龍馬通り、花街の面影を残す風情ある街並の丸山、かつての外国人居留地で、エキゾチックな洋館が残る南山手……。私たちはガイドブックを手にひたすら歩き回った。

いやいや、何も観光を楽しんでいたわけではないのである。今回の旅の目的はあくまで猫。ならば、なぜガイドブックを持って名所を巡ったか？　はい、それにはれっきとしたワケがあったのです。

長崎ねこ学会の人は、長崎で猫に出会おうと思うなら、石畳や階段、路地が多い場所

を歩くといいと教えてくれた。車の往来がなく安全なため、自然と猫が集まってくるというのだ。さらに、人が多いのもポイント。人が多いということは、エサにありつけるということ。こうした条件を満たすのは、彼らによると旧市街地。ガイドブックに出ているような場所を目指せば、かなりの確率で猫に出会えるはずだとアドバイスしてくれた。つまり、長崎は観光スポットを巡りながら猫にも出会える、一石二鳥の町なのだ。

眼鏡橋付近では、「トラちゃん」や「ミーちゃん」の他にも、居酒屋の店先をねぐらにするグレーの猫の親子を見かけたし、川沿いをもっそり散歩する白猫もいた。眼鏡橋を渡って行った中通りでは、建設中の建物の前にいつも決まった猫二匹。いつ通っても、白茶のブチ猫と三毛猫のようにも見えるサビ猫が所在なさげにうずくまっていた。

中通りには看板猫がいる店もある。猫がいることでちょっとした有名店になっているのは、昭和の佇まいを感じさせる『かんざき食堂』だ。

私が訪れたときには、店の前に置かれたベンチでまどろむキジトラがいた。店先には白猫二匹がたむろし、店内を覗くと黒猫が佇んでいた。女将さんによると、店には家猫が四匹、外猫は一〇匹以上いて、いつも誰かが店先にいるらしい。

「女将さんと猫とで写真を撮らせてもらっていいですか」

私たちが問うと、女将さんは「じゃあ、カンタくんも一緒に」と言って、二階から一匹の茶トラ猫を連れてきた。

「こんコは生後八カ月で、うちの猫の中では一番若かとよ」

「カンタくん」は、親猫から育児拒否されて不遇の幼猫時代を送ったらしいが、今では、それはそれは大切にされているのだろう。女将さんの膝にすっかり体を預けて安心し切った表情が、そのことを物語っていた。

「このコは尻尾がまっすぐなんですね」

私の言葉を受けて女将さんは言った。

「そう見えるけれど、触ってみると骨の先ば曲がっとるとがわかるとよ」

そんなこともあるのか……。以前、長崎ねこの探索をしたとき、確かに尾曲がりも多いけれど、まっすぐな尻尾のコも結構いるじゃないか、と思ったりもしていたのだが、実は、こういうことだったのかもしれないなぁ……。

翌日の午前中、店の前を通りかかると、まだ暖簾の出ていない店先には、香箱座《こうばこずわ》りになって店の開店を待つ猫たちの姿があった。

寺院にも多くの猫が棲息している。中でも猫が特に多いお寺があると『かんざき食堂』のご主人に教えられ、その場所を目指して寺町通りを歩いているとき、駐車場に停められた車の屋根に座って黄昏れているキジ白を見かけた。

「いいねぇ、絵になるね」

こう言いながら、私たちがそっと猫に近づこうとしていたら、後ろを歩いていた修学

旅行の中学生たちが小走りで私たちを追い越して行った。

「おもしれぇ、あんなところに猫がいるわ」

「キャー、ちょっとかわいくない!?」

「写真撮ろうぜ」

男女五、六人で大騒ぎをしながら猫の側に駆け寄って行く。

「そんなことしたら、猫が逃げちゃうだろうに……」

私は憮然として小声で言った。むろん、彼らに私の声が届くはずもなく、猫はハッと我に返ったように目を見開いたかと思うと、彼らが近づくより先に身を翻してどこかに消えて行った。

「だから言わんこっちゃない」

ムッとして私が吐き捨てると、拗ねた子どもをあやすような口調でO氏は言った。

「だぁいじょうぶだよ。ちょっとしたらまた戻ってくるって。きっとこの車の上がこいつのテリトリーなんだよ。帰り際に見てみよう」

気を取り直して歩き始めると、すぐに目的の場所に到着した。お寺の門の先にはいきなり階段。境内はその先にあるようだ。

「また階段か」

長崎にはいちいち階段や坂道がある。O氏が、今度はちょっとうんざりしたようにつぶやいた。しかし、たかだか二〇段ほど、ここの階段などはまだまだかわいい。急な階

段が延々と続く龍馬通りでは、何度途中で歩を止めて休んだことか。雨に濡れた石畳のオランダ坂。見た目には非常に美しいし、勾配も緩やかに思えたが、実際に上ってみると急な勾配に息が上がり、途中で引き返そうかと思ったほどだった。それでも何とか上り切ったのは、その先に猫がいると思えばこそ。猫の力は偉大である。

そんなことを考えながら階段を上っていたら、あっという間に境内に着いた。出迎えてくれたのは、赤い前掛けをつけたお地蔵様がズラリと並ぶ側に佇む黒猫だった。しかし、猫が多いと聞いていた割には、他に猫の姿が見当たらない。しかし、そこは自由に生きる猫のことだし、仕方がないか、と思いきや、辺りをよくよく観察すると、いるわいるわ……。庭の植え込みで体を投げ出して眠っている猫、庭石の上で無心に毛づくろいをする猫、塀の下から興味深そうにこちらを見つめる猫……。噂通り、たくさんの猫たちが勝手気ままに過ごしていた。

「猫は優しさがないところには殺気を感じて寄り付かない」

ある人が言っていた言葉が私の心に甦る。このお寺はもちろん、そこここに猫の姿がある長崎は優しい町なんだと思う。

帰り道、例の場所に寄ってみると、O氏が言った通り、中学生たちの嬌声に驚いて姿を隠したさっきの猫が、元いた車の上で毛づくろいをしていた。私たちが近づいても逃げ出す気配はなく、じっと眺めていると、パタッと横になってしばらくコロン、コロン

して愛想を振りまいていたが、そのうち目を閉じて気持ち良さそうにまどろみ始めた。ピンクの鼻に黒いドットが印象的な、かわいらしい猫だった。

ディープなエリアで逞しく生きる猫たち

長崎の市街地には、飲み屋が軒を連ねる、思案橋横丁と呼ばれる通りがある。ここもまた猫との遭遇率が高いエリアで、夜になるとどこからともなくたくさんの猫が集まってくるという。さっそく訪れてみると、まだ明るい時間だったせいか、通りに猫の姿は見当たらなかった。でも、そのお陰で私たちは、思いも寄らぬエリアを知ることができた。

猫を探してウロウロしていたら、思案橋横丁の裏に、横丁と平行に走る路地を発見した。人がすれ違えるかどうかの薄暗くて細い道。舗装は半分以上剥がれてボコボコだ。両側には小さな店がひしめき合うが、営業しているのかどうか判断しかねるオンボロ具合。バイクや自転車が結構停められていたが、これもまた、使われているのか、打ち捨てられているのか判別できないものも多かった。ボロボロになったカウンター用のイスが放置されていたりもした。

ディープとは、この通りのようなことを言うのだと思う。新宿のゴールデン街や中野の飲み屋街もディープと言われるが、何の何の、この通りはそれらをはるかに上回るア

クの強さ。この町にＢＧＭを流すとしたら……演歌じゃない。そう、この場所に似合うのはブルースだ！　松田優作か誰かを歩かせてブルースを流せば、そのまま映画になりそうだ。

私たちは心を躍らせたが、さらに気持ちを昂らせたものは猫だった。猥雑な中を闊歩するキジトラ、バイクの影からそっとこちらの様子を窺うキジ白……。通りに猫の姿を見つけた私は、心の中で松田優作をお払い箱にした。目の前に広がる現実の風景が、映画のワンシーンそのものだったのだ。

「こんな場所を見つけただけでも感動的なのに、猫までいるんだから出来すぎてない？」

「それだけ長崎の町は奥が深いってことじゃない？」

興奮して話に夢中になっているうち、調子にのってどんどん歩いてしまったのだろう。我に返った私たちは、さっきの通りとはまた別の、これまた怪しいエリアに迷い込んでいることを知った。通りには小さなスナックがひしめき合うが、時間が早いせいなのか、それとも、シャッター商店街ならぬシャッター飲み屋街なのか、どちらにしても人の気配はまったくない。シンと静まり返る通り。ゴーストタウンのようで不気味でさえあった。

「ここには猫はいそうにもない」

「こう人がいないんじゃあ、猫も暮らしていけないだろう」

自分たちがどこにいるのか、皆目検討もつかないまま、そんなことを話しながら歩いていたら、またまた不思議なシーンが目に飛び込んできた。

「えっ……!?」

私たちは一瞬言葉を失った。朽ちかけた三階建てくらいのビル。鉄筋がほとんど剥き出しになっていて、こういうものが放置されているだけでも異様に映ったのだが、なんと複数の猫が、錆びた鉄骨の上を縦横無尽に歩き回っていたのだ。私たちが近づいていくと、サッとビルの中に隠れてこちらを窺う猫もいたが、しばらくすると再び鉄筋の上を足音も立てず、颯爽と歩き出す……。冷静に考えれば、猫が廃墟をアジトにしていても決しておかしくはないのだけれど、そのときは、いきなり目に飛び込んできた「ゴーストタウンのような飲み屋街に突如出現した廃墟、その鉄骨をつたい歩きする猫数匹」というシーンがどうにも不思議なものに思え、夢でも見ているようだった。

長崎から東京に戻って地図を見たりしてよくよく考えてみたけれど、いまだに、あの場所がどこだったのかわからずじまいである。私たちがあまりに「猫、猫」言っていたため、嫉妬した狐か狸に化かされたのだったりして……。

「墓、坂、馬鹿、猫」の必然

猫旅は終盤に近づいていた。

猫が出没するとされる市街地のエリアをほぼ歩いた私たちは、少し遠出をしてみるこ

とにした。とはいえ、あてはない。

「うーん……、どの辺りに行こうか？」

考えながら通りを歩いていたら、向こうから緑の路面電車が走ってくるのが見えた。電車のフロントには行き先である「蛍茶屋」の文字。

「！」

一度、その場所に行ってみたいと思っていたことを私は思い出した。以前訪れたときも、そして今回も、緑の路面電車が通って「蛍茶屋」という美しい名前を目にするたびに心惹かれる自分がいたのだ。

私たちはやって来た路面電車に飛び乗った。

蛍茶屋がどんなところなのか、まったく知らなかった。生憎、持っていたガイドブックにはそれに関する記述はなかった。地名には違いないのだろうが、かつて蛍茶屋と呼ばれる茶屋があったことから、その名前になったのではないか。ひょっとすると、茶屋の建物が保存されていて見学できるかもしれない。そんな期待を胸に蛍茶屋電停に降り立ったのだが……。

電車を降りると、「蛍茶屋跡地はあっち」というような簡素な案内板はあった。けれど、その方角に向かって歩くも、目的の場所は見つからない。たまたま前を通り掛かった米屋で尋ねると、すぐ側だと行き方を教えてくれた。確かに、茶屋の跡地はその店から歩いて一分とかからないところにあった。あるにはあったが、草ぼうぼうの狭い空き

地、その草の中に、決して立派とは言い難い石碑が建っているだけだった。

「これ!?」

素っ頓狂な声をあげて、私は石碑の前に立ちすくむ。

「これを見るためだけに、わざわざ電車に乗ってここまで来たわけ?」

O氏は決して言ってはいけないことを口にした。

「すみません……」

私たちは、すぐに元来た道を引き返していった。さっきの米屋の前では、店主のオヤジさんと奥さんが立ち話をしている。道を尋ねてから五分と経っていなかった。もう帰るのかと思われると、なんだか気まずいけれど、知らんぷりをするわけにもいかず、二人に会釈して通り過ぎようとすると、

「わかったと?」

奥さんが気さくに話し掛けてきた。

「ええ、すぐに。なんか小さくて拍子抜けしました」

私が申し訳なさそうに言うと、オヤジさんが、ここら辺りは街道筋で昔はたくさんの旅人が通っていたこと、その旅人たちを当て込んだ茶屋があったのだが、この付近は夏になると蛍が飛び交っていたため、その茶屋は「蛍茶屋」と呼ばれたことを教えてくれた。

「私が子どもん頃には、まだいっぱい蛍が飛びよったですけど、だんだん見らんごとなったとです。ばってん、最近、川をきれいにする活動ば進みようるけん、また飛ぶように

なったとです」

そう話す奥さんの足元を見ると、いつからいたのか知らないけれど、白茶の猫が大人しく座って話を聞いていた（ように私には感じられた）。

「このお店にも猫がいるんですね」

私が言うと、今度はオヤジさんが口を開く。

「長崎には猫が多かでしょ。それから墓もね」

言いながら、オヤジさんは眼前に広がる墓地を仰ぎ見た。店の目の前には、斜面にたくさんの墓石が建ち並ぶ広大な墓地があった。墓石はすべて店側を向き、細い一本道を挟んで家々と墓が向き合っている形だ。

「よその土地に行くと、〝なして墓がこげん淋しい場所にあるんやろか〟と思いますよ。それじゃあご先祖様が淋しがりますと。そんなことになったらいかんけん、長崎では、墓は人が住む賑やかなところにあるとですよ」

確かに、長崎では墓地と住宅地の境界が曖昧だった。いかにも墓地然とした広い敷地に延々と墓石だけが建つエリアもあったけれど、住宅街の中に墓地が混在するところもあったし、墓地に囲まれるようにして建つ家も珍しくなかった。家の四方八方が墓地。窓から手を伸ばせば墓石に届きそうなくらい近い距離に墓地がある家を数え切れないほど見た。こんなに近くに墓があって、ここの家の人たちは平気なのだろうか……。私だったらあまり気持ちよくはないな、などと思いながら、その光景を眺めたものだ。

そんなことを私が口にすると、オヤジさんは言った。

「ここでは、墓を新しく建てたとき、一族が揃い、墓石の前でご先祖様と一緒にご馳走を食べるとです。長崎の人は墓に対する感じ方が他の土地の人と違うのかもしれんとですねぇ。それに、だいたい墓地が近くにあるとええんですよ。墓に入っとる人は誰も文句を言わんけんね。だから猫も墓地が好きとですよ」

そう言われてみると、長崎では墓石の前や墓地を囲む塀の上でくつろぐ猫たちの姿を何度も目撃した。

「墓なら誰にも文句を言われんですけん、猫も好きに遊べるとでしょうよ」

人の良さそうな笑みを浮かべながら、オヤジさんは再び墓地のほうに目をやった。その視線の先には、墓地の斜面を軽快に駆け上がる白猫の姿があった。

墓、坂、馬鹿。この環境は猫たちにとって最高に暮らしやすい楽園なのかもしれない。墓、坂、馬鹿、そして猫。この四つが揃ったのは必然なのだ。今回の長崎は、そんなことをしみじみ感じさせられる旅になった。

田代島《たしろじま》（宮城県石巻市）にゃん、にゃん、ニャンクチュアリ——②

探索不要、「猫の島」は猫だらけ

島に上陸した私たちの目に最初に飛び込んできたのは、港をのそのそと歩く黒猫だった。

「いきなり！」

私とカメラマンO氏は、ほとんど同時に興奮気味の声をあげていた。

私たちが降り立ったのは、宮城県石巻市の沖に浮かぶ田代島。人口八〇人余り、漁業で成り立つ面積わずか三㎢の小さな島だが、近年「猫の島」として注目され、わざわざ猫に会うためだけに訪れる人もいる。私たちがまさしくそうだったのだけれど、石巻港からおよそ四五分の航海、船を降りてすぐ猫の姿を見かけるとは！「人より猫のほうが多い」という噂は本当なのかもしれない。

私たちは浮き足立ち、はやる心を抑えながら集落のほうに向かった。大泊《おおどまり》と仁斗田《にとだ》、この島にはふたつの集落があるが、私たちが向かったのは仁斗田だった。猫たちの多くはこちらにいるという情報を得ていたからだ。

集落に入ってすぐ、家と家の隙間からじっとこちらの様子をうかがうキジトラに出会った。私が目を合わせると、テケ、テケ、テケと近づいてきたかと思うと、パタッと歩を止め、しばらくすると再び、ズンズン、ズンと近づいてきてはまたもや立ち止まる。

(猫がやりがちな)その摩訶不思議な行動は、なぜにかくも〝愛猫本能〟をくすぐるのだろう。私の顔がニヤけていたのは言うまでもない。

「おっ」

「あっ」

「そこに」

「あそこに」

「こっちにも」

キジトラと別れてから少し歩くと、探索などという言葉は必要ないほど、猫の姿がそこここにあった。

梅雨入り前の、真夏のような暑い日だった。民家の庇《ひさし》の下、草むら、駐車中の車や一輪車の下……。多くの猫たちが日陰で涼をとっていた。投げ出した後ろ足の太ももの辺り、そのむっちりとした様が、この猫たちがちゃんと食にありつけていることを物語っていた。私たちの姿を認めると、タタッと駆け寄ってきて体をスリスリしてくる猫もいたし、そうでない猫でも、私たちが近づいたとしても怯えて逃げたりするようなことはなかった。

私の目尻は下がりっぱなしになった。

この島では、家の軒先や庭などに、銭湯の脱衣カゴよりふた回りくらい大きいプラス

チックのカゴが置かれているのをたびたび目にした。漁で使う網を入れるためのものらしいのだが、なぜに猫はこういうものを見るとすぐに入りたがるのだろう。その中に入って脱力している猫を何匹も目撃した。

そんな中でひと際目を引いたのは、オレンジのカゴに入ってまどろんでいた白黒のブチ猫だ。

「ぷっ」

その姿を見つけたとき、私は吹き出してしまった。なぜそうなっていたのかは不明だが、カゴは、置かれているというより、地面に立っていた。要するに地面と接している部分がカゴの底でなく側面で、猫は、その見るからに不安定な部分に香箱座りになってまどろんでいたのだ。

なんとも間抜けな姿がおかしくて、でも愛おしくて、しばし立ち止まって眺めていたら、少し離れたところで網の手入れをしていたおとうさんとおかあさんが「猫ならまだこっちにいっぱいいるべ」と笑いながら教えてくれた。

言われて目をやると、その人たちの家の庭には、好き勝手にくつろいだり、遊んだりしている猫数匹。聞けば、このほかにもまだたくさんいて、全部で二〇～三〇匹ほどいるという。特に飼っているというわけではないが、勝手に入ってきて居ついてしまったので、エサを与えているらしい。

「そのコは珍しい三毛猫だぁ。この島に三毛はいねぇから、観光客が捨てていったんだべ」

ふたりの一番近くで丸くなっていた猫を指差しながらおとうさんが言う。

「そんなことをする人がいるんですか⁉　許せないですね」

私が息巻くと、おとうさんは相変わらず柔和な笑みを浮かべて言った。

「このコの名前は〝まるも〟だぁ」

♪まるまるもりもり、みんなたべよぉ〜♪

私の脳裏にあの歌がこだまする。それにしても変わった名前を付けたもんだなぁ……。

心に引っ掛かるものを感じていたら、おとうさんが続けた。

「多分、北海道の客が捨てていったんだべ。だから、〝まるも〟なんだぁ」

そうか。「まるも」に聞こえたけれど、実は「まりも」だったのだ。

私が名前を呼ぶと、その三毛は、私の足元にのそのそとやって来て、「ミャァ」と人なつこく鳴きながら私の顔を見上げた。人間不信に陥ってはいないようだ。おとうさんとおかあさんの優しさに救われたのだろう。私はちょっと安心した。

恋人たちとおばあちゃんと「まさむね」と

シャッターが半開きで、営業しているのかどうか不明の商店の前に、たくさんの猫が集まっていた。よく見ると、商店の前に置かれたベンチに座り、若いカップルが猫たち

に煮干しのようなものをあげていた。波止場近くには「猫たちにエサを与えないでください」と観光客に向けて書かれたボードが立て掛けてあった。にもかかわらず……。

「あぁあ、あげちゃいけないのに……」

私は彼らを一瞬白い目で見たけれど、すぐに非難の気持ちを打ち消した。彼らはタイ語だか、ミャンマー語だか東南アジアのどこかの国らしい言葉を喋っていたのだ。そういえば、最近はわざわざ外国からも猫好きがやって来ると島の人が言っていた。食べ物で猫をつるなんてズルイ！ と羨ましさ半分で思ったりもしたけれど、外国からのお客さんでは致し方ない。

「いい思い出になるといいね」

私は目で彼らに伝え、再び集落を奥に向かって歩き始めた。

一、二時間後、再び店の前を通ると、そこにカップルの姿はなかったが、相変わらず大勢の猫がたむろしていた。ベンチに腰を下ろしてしばらくその様を眺めていると、店の中から店主らしきおばあちゃんが出てきた。猫たちは彼女の姿を認めるやいなや、サッと彼女のもとへ駆け出していく。おばあちゃんの手にはポリポリの入った袋。そういうことだったのか……。この場所は彼らにとって、いくつもあるエサ場のひとつなのだろう。

おばあちゃんが袋から出したドライフードを地面に置くと、猫たちはその場所を目がけて一斉に移動する。いち早くカリカリ音を立てて食べる猫もいれば、中にはドン臭いヤツもいて、食べようとすると横からサッと持って行かれてばかり。見兼ねたおばあちゃ

んが、他の猫の隙を狙い、わざわざそいつの目の前にエサを置いてあげても、やっぱり横取りされて、なかなかエサにありつけない……。

そんな猫たちを楽し気に眺めていたら、おばあちゃんが一匹の猫を指差しながら教えてくれた。

「あのコは〝まさむね〟っていうんだよ」

「まさむね？」

私が聞き返すと、おばあちゃんは自分の片目の前で立てた人指し指をくるくる回しながら、再び猫のほうを見た。おばあちゃんのしぐさと猫の姿を見比べて合点がいった。白い部分が多い長毛キジ白のその猫は、片目の周りだけが濃い茶色の毛で被われ、遠目には眼帯をしているように見えたのだ。

「なるほど！」

東北地方が生み出した戦国時代の英雄・独眼竜政宗を思い浮かべながら私が言うと、おばあちゃんはコクンと頷いてニッと笑った。とてもかわいらしい笑顔だった。

集落を抜け、両側を雑草で被われた小径を登っていくと、『マンガアイランド』と呼ばれる場所がある。太平洋を望む広大な敷地にキャンプ場とロッジが数棟建つアウトドア施設だ。「猫の島」らしく、ロッジは猫型。外壁には猫が描かれていたりするのだが、これらは漫画家のちばてつや氏や里中満智子氏がデザインしたものだという。

それはさておき。

私たちがその場所に行ったときには、シーズンオフの平日のせいで人影はまったくなかった。管理棟の前には、屋根の下に備え付けられたテーブルとイス。ひと休みしようと、その場所に近づくと、オープンエアのその場所には先客がいた。

手の先と顔の一部が白い、白黒猫一匹。白黒の場合、顔の部分がハチワレになっていることが多いのだけれど、その猫は、白い部分が非常に狭く、額から顎にかけて、太めの筆で白い線を一本サッと描いたような個性的な顔をしていた。

猫は、最初、凛とした表情で背筋を伸ばして（といっても、やっぱり猫背なんだけど）座っていた。どこか得意そうにも見えたのだが、その視線の先にあったものを認め、それが気のせいではなかったことを私は確信した。彼の側には、息途絶えたネズミが横たわっていたのだ。飼い猫の場合、獲物をしとめたときには、鼻の下をぷっくり膨らませた自慢気な顔で飼い主に見せびらかしにくるが、彼の場合、「みせびらかす人が誰もいない……」と思っていたところに、私たちがやって来たものだから、「ラッキー！」とばかりに得意気な顔をして見せたのだ。多分。

「でかした！」

私が言うと、彼は、「ニャッ」と短く鳴いた。褒められて嬉しかったんだね、きっと。

猫と人間との〝空気のような関係〟

集落でさんざん猫と戯れたあと、再び海のほうに戻ってみると、波止場で網の手入れをしている漁師さんがいた。少し離れたところに白と黒のブチ猫が佇んでいたが、そのうち、どうやら妊娠しているらしく、モソモソと大儀そうに歩いて漁師さんのすぐ側に行き、寄り添うように座った。漁師さんはその姿を一瞥しただけで、特にかまうわけでもなく、かといって追い払うわけでもなく、黙々と作業を続ける。

以前、私は、東南アジアの島にある、「猫」という名の町を訪れたことがある。名前が「猫」というだけあって、そこにはたくさんの猫が暮らしていたが、その町でも同じようなシーンをたびたび目撃した。猫と人間が互いに相手の存在を意識せず、たおやかに生きる様を見て「両者は〝空気のような関係〟」と感じたのだが、田代島でもまさにそうなのではないかと思う。

しばらくすると、漁師さんが網に残っていた魚を猫に放った。彼女は一瞬「おっ」という顔をしたけれど、すぐに興味を失い、再びまったり。目の前に新鮮な生の魚があるのに知らん顔だ。その様子が不思議で、私は思わず漁師さんに聞いた。

「ここの猫たちは魚を食べないんですか?」

「ちょっと前にたくさん食べたばっかだから、今は腹一杯なんだべ」

漁師さんの言葉を聞いた私の頭に、集落の中で出会った、ある猫たちの姿が思い浮かんだ。

正直に言おう。実は私は、一度だけ猫に食べ物をあげてしまった。決してねだられたわけではないのだが、猫たちがあまりにもかわいらしくて、つい、自分のおやつ用にとバッグに忍ばせていた笹かまを小さくちぎって彼らの鼻先に置いてしまったのだ。ところが、彼らはまったく興味を示してはくれなかった。バツの悪い思いをしながら、私はそのかまぼこをティッシュにくるんでバッグに放り込んだのだが、漁師さんの話を聞いて納得した。お腹が満たされていれば新鮮な魚にさえ手をつけないのである。加工品にぷいと横を向くのも当然だ。いつも一〇〇g二〇〇〇円の牛肉を食べている人に安物のビーフジャーキーを薦めたようなものかもしれない……。

田代島は猫だらけ、紛れもなく「猫の島」だった。けれども、島の人々からは、「前はもっと多かったけれど、今は半分くらいに減ってしまった」というようなことを聞かされた。しかし、少なくなったとはいえ、現在の島の猫は推定で一五〇匹ほど。そして彼らには、常に誰かが食べ物を与えているため、餓えることはないという。ちゃんと保護されているのだ。

猫たちも一方的に与えられるだけではない。

もともと観光資源のない小さな島に観光客を呼んでいるのは猫だし、あの震災で、島

の漁業や牡蠣養殖産業は大きな打撃を受けたというが、そのピンチを救ったのも猫たちだった。猫を前面に押し出して島の支援を募ったところ、全国の愛猫家から支援金が集まり、漁業や牡蠣養殖産業の復興や島の整備に充てられているのだ。それから、猫たちのキャットフードや医療にも。

互いに空気のような関係で、あるときは助け、あるときは助けられ……。この島では、人間と猫が理想的な形で共存していると言えるのではないか。自由気まま、好き勝手に生きているようで、実は猫はスゴイのだ！　と、私は思わずにはいられなかった（まぁ、猫好きは猫が何をしても、エラい！　と思ってしまうのだけれど）。

「やっぱり田代島は外せないでしょう」

「ニャンクチュアリ」としてどこを紹介するか候補地を絞り込んでいるとき、担当編集M氏は言ったが、私としては〝今さら〟感が否めなかった。

この島はあまりに有名だ。様々なメディアでも取り上げられているため、猫好きはもちろん、そうでない人でも、この島が「猫の島」であることを知る人は少なくない。

そんなところを今さら……。

実はそのとき、私はまだ田代島を訪れたことがなかった。猫好きとしては、一度は行ってみたい気持ちは当然あった。あったけれども、機会を失しているうち完全に出遅れてしまい、「今さら行くものか」と意地になっている自分もいた。

「田代島なんかよりもっといいところがあるもんねー」

などとうそぶいていたりもした。まぁ、要するに、まだ島を訪れたことのない者の負け惜しみだったわけである。

しかし、今なら言える。この島がメディアで紹介し尽くされていようが、有名になり過ぎていようが、いくら出遅れていようが、猫好きなら一度は訪れてみるべきである。

にゃん、にゃん、にゃん、にゃん。ここは猫たちの、そして猫好きにとっての聖域、まさにニャンクチュアリなのだ。

いつまでもこの聖域が守られますように……。

私は願ってやまない。

網《あ》地《じ》島《しま》（宮城県石巻市）

東北第二の「猫の島」——③

縦横無尽、元気なサビ猫に導かれて

最初、網地島を訪れる予定はなかった。

田代島への旅。石巻市内に宿を取っていた私たちは、毎日、朝一番の便で石巻港から田代島に行き、最終便で戻ってくるということを繰り返していた。というと、ものすごく気合いが入っていたように感じるかもしれないが、朝一の便といっても午前九時頃だし、最終便といって午後三時半頃なんだけど。

網地島に行ってみようと思い立ったのは、最終日のお昼頃のことだった。田代島からそう遠くない場所にあるこの島のことは、ほとんど何も知らなかったけれど、ここもまた猫が多いといった記述をどこかで読んだことがあるのをハタと思い出したのだ。

「これから網地島に行ってみるというのはどうだろう?」

旅は、いや、人生そのものも、いつも行き当たりばったり気味の私が言うと、

「いいんじゃない」

と、ほとんど私と似たような生き様のカメラマンO氏も同意してくれた。

こうして私たちは、予定になかった網地島を訪れてみることにしたのだった。

網地島と書いて「あじしま」と読むこの島は、石巻から田代島に向かう航路の延長線

上にある。その航路は「網地島ライン」と呼ばれ、終点は牡鹿半島の鮎川という地で、石巻を出向した船は、田代島の大泊、仁斗田、そして網地島を経て終点に向かうのだ。網地島にも、網地と長渡《ふたわたし》のふたつの停泊所があるが、仁斗田から手前の網地までは二〇分ほどで到着する。

私たちは、石巻発鮎川行きの船に仁斗田から乗り込み、網地に降り立った。もうひとつの集落・長渡よりもこちらのほうに猫が多いという根拠はなかった。「とりあえず」ということで網地に上陸したのだけれど、本当にそれで良かったのか、そもそも島には猫がたくさんいるのか……。何の確信もないまま、私たちは歩き出した。

閑散とした波止場周辺、前方を仰ぎ見ると、小高い場所に民家が点在しているのが見えた。そこを目指して細い坂道を登っていくと、いきなり猫に遭遇した。

「おっ」

私たちは、民家の庭でちょろちょろしているサビ猫の姿を認め、またまたほとんど同時に声をあげていた。島に着いてすぐ猫に出会うなんて、幸先がよいではないか。

その猫は、私たちに気付くやいなやタタッとこちらに駆け寄ってきて、体をくねらせた。O氏が少し離れた場所からその姿を写真におさめようとしゃがみ込むと、今度はテケテケとそちらに歩み寄ってO氏の足に体をスリスリ……。痩せっぽちのしなやかな体つきは、バリ島かどこか東南アジアの猫を彷彿とさせた。この家で飼われているのだろうか。赤い首輪をつけていた。

「ちょっとちょっと、慕ってくれるのはいいんですけどね、そんなにじゃれついたらオジさんは写真を撮れないんだな、これが」

とかなんとか言うO氏の目尻は下がり、完全に猫撫で声になっていた。

暇を持て余していたのだろうか。その猫は、遊び相手を得たり！　とばかりに、私たちから離れなかった。しばらく私やO氏の足元にまとわりついていたが、私たちが歩き出すと、坂道を跳ねるように上っていったかと思うと、パタッと立ち止まってこちらを振り返る。この島も長崎同様、坂道や階段が多かった。私たちは息を弾ませながら猫に続いた。猫は、私たちとの距離が縮まると、再び軽やかに坂道を駆け上がり、またもや立ち止まって私たちを待つ。私たちが猫のあとに続かず小径にそれたりすると、猫は大急ぎで引き返してきて私たちを追い越し、やはり途中で立ち止まって振り返る。

仔犬のように人なつこい猫に先導され、私たちの猫探索は始まったのだった。

雑魚どもを一喝して追い払ったボス猫の貫禄

「いないねぇ……」

サビ猫と別れて私たちは集落を彷徨《さまよ》っていた。猫の姿はどこにも見当たらない。誰かに尋ねようにも、人の姿もどこにもない。

「本当にこの島にも猫が多いのかねぇ」

「この様子じゃあ……」

突然の思いつきで島に来てしまったことを後悔し始めたとき、やっとスーパーカブにまたがったひとりのおじいちゃんに出会った。この人に聞くしかない！　ということで、呼び止めて猫のことを尋ねると、「猫？」と一瞬怪訝な顔をするも、すぐに穏やかな笑みを浮かべながら教えてくれた。

「昔はたくさんいたけども、今は……。どうなんだべか。ここには人が住んでいないいもんでね。人がいなけりゃ、猫もおらんのは当たり前よ。食べ物にありつけんからね」

おじいちゃんによると、ここら辺りに住んでいるのは、おじいちゃんともう一軒の家に住む人のふたりだけ。おじいちゃんにしても、常時島にいるわけではなく、本土のどこかと行ったり来たりの生活をしているのだという。ちなみに、おじいちゃんが「ここら辺り」と言ったエリアに家は何軒もあった。ほとんどが空き家だということだ。

「そうなんですか……」

肩を落とす私たちを気の毒だと思ったのだろうか。最後におじいちゃんは言った。

「でも、時々猫の姿を見かけることはあるよ。あっちに寺があるんだけども、その近くでは猫の親子を見たこともあるな」

私たちは一縷《いちる》の望みをかけ、おじいちゃんが指差したほうへと向かった。

おじいちゃんの家があるエリアを抜けて寺を目指して歩いているとき、ふたりの女性

が民家の庭先で海藻のようなものを前に、何やら作業をしている姿を認めた。

「それは何をしていらっしゃるんですか?」

私は彼女たちに話し掛けた。おじいちゃんの言葉を信用していないわけではなかったのだけれども、念には念を入れて、猫のことを聞くつもりだったのだ。

「ひじきのゴミを除いているのよ」

明らかによそから来たとおぼしき人物にいきなり話し掛けられたというのに、不審がるわけでもなく、淡々と作業を進めながら答えてくれた。

「あの、この島にも猫が多いというような話を聞いたことがあるんですけど……。どの辺りに行けば、猫はいますかねぇ」

「そうねぇ、うちの庭先でも見かけることがあるけど、寺の近くには結構いるんじゃないかな。最近生まれた仔猫もちょろちょろしてるねぇ」

ひょっとすると、猫目当てで田代島を訪れた人の中には、私たちと同じように、猫を求めて網地島に立ち寄る人が少なからずいるのかもしれない。女性たちは猫のことを尋ねられても驚くこともなく、飄々と語ってくれたのだった。

寺の近くにさし掛かったとき、キジ白と白黒、二匹の仔猫が戯れているのを発見した。すぐ側では白とキジのブチ猫が仔猫たちを見守るように佇んでいたが、私たちを認めると、二匹の仔猫を促すようにして岩陰に身を潜めてしまった。仔猫たちのあどけない姿をもっと眺めていたかったけれど、仕方がない。

「やっぱりお母さんなんだねぇ……」

ボソボソ言いながら私たちは歩を進めた。

しばらく歩くと、坂道の上からと下からとで睨み合っている猫に遭遇した。上にはキジトラとキジ白の二匹、下にはキジトラ一匹。互いに低い唸り声をあげながら牽制し、体を低くして前進、ジワジワとその距離を縮めていく。

「おっ、いいねぇ。取っ組み合いの喧嘩が始まるのか⁉」

一触即発のその状態にO氏が興奮気味にカメラを構える。

「いいぞ、いいぞ」

O氏は夢中でシャッターを切っていたが、突如、「なぁんだよ」と落胆の声をあげた。猫たちは距離を縮めていき、最終的にすれ違う形になるのだが、すれ違いざまに鼻と鼻とをくっ付け合って〝鼻キス〟をしただけだった。O氏の期待に反し、結局、猫たちの決闘が繰り広げられることはなかったのだ。

猫の鼻キスは匂いを嗅ぎ合って互いを知ろうとする〝猫の挨拶〟だと聞いたことがある。仲良しの印といったことが言われたりもするけれど、その猫たちを見る限り、後者の説には「?」である。取っ組み合いにこそならなかったものの、互いに唸り声をあげていたわけだし、鼻キスを交わしてすれ違ったあとも、少し距離を置いて相変わらずじっと睨み合っていたのだ。「覚えてろよ」と言いたげでもあったし、「隙あらば」と相手が

油断するのを待っているようにも見えた。

そこへ別の猫がやって来た。体格の良いオスのキジトラだった。実は、その猫は、今しがたまで、O氏がカメラを構えるすぐ側、小さな石ころがいっぱいの傾斜した地面に丸くなり、坂道での騒ぎなどものともしない様子で眠りこけていた。私の目には、その様が間抜けにさえ映ったのだけれど、その余裕はボス猫の貫禄だったのだろう。坂の上と下とで互いの様子をうかがっていた猫たちは、彼がやって来て「ンニャ」とひと声あげると、一目散に逃げ出して行った。このボス猫、結構な力をお持ちのようで。


網地島ではポツリポツリと猫たちに会った。船の便の関係で私たちが島に滞在したのは、わずか一時間半程度。この間に出会った猫は一五匹ほどだった。それが多いのか、少ないのか、正直、私にはよくわからない。

東京に戻ってから調べてみたところ、網地島の面積は六・四三㎢で人口は四〇〇人強。田代島をはるかに上回る規模である。私たちが歩いた網地地区は人影もまばらで閑散としていたけれど、もしかすると、もうひとつの集落である長渡地区には人も、そして猫も、ずっとずっと多いのかもしれない。残念ながら、そちらに足を踏み入れてはいないけれど、旅にはやり残しがあるほうがいい。そのほうが、「また来よう」と思えるからだ。

「いつかまた網地島を訪れることになるのだろうな」

東京に戻ってからずっと、私はそんな予感に包まれながら暮らしている。

谷中《やなか》（東京都台東区）

三毛率高し、東京下町「猫の町」——④

谷中銀座は違う意味で〝猫まみれ〟だった！

下町の風情を色濃く残す町・谷中――。いつからそう呼ばれるようになったのかは知らないけれど、この場所は「猫の町」としてよく知られた存在だ。

お寺や細い路地が多く、猫たちにとっては理想的な住環境。下町人情に守られていることもあるのだろう、この町にはたくさんの猫が暮らし、その猫たちに会うために多くの人が訪れるという。そんな人々を当て込み、猫モチーフのスイーツ屋、猫雑貨店、看板猫のいるカフェなどができて、近年は町中が猫づくし。その効果でさらに訪れる人が増えて連日大賑わい。今や谷中はすっかり観光地化しているとか、いないとか。

しかし、そういう場所はどうなのだろう⁉

私は、猫は好きだけれども、猫カフェやコテコテにかわいらしい猫雑貨にはまったく興味がない。この町には、自分とは人種の違う猫好きが集まるのではないだろうか……。田代島ではないけれど、躊躇しているうちに出遅れてしまい、結局、訪れたことがないまま現在に至っていたのだが、やはりこの目で確かめねば！　と、遅ればせながら、私は谷中に足を踏み入れたのであった。

東京メトロ千代田線の千駄木駅で、担当編集M氏とカメラマンO氏のふたりと待ち合

わせ、私たち三人は、まず谷中銀座に向かった。千駄木側からＪＲ日暮里駅方面に伸びる谷中銀座は、昭和の香り漂う庶民的な商店街だという話。その場所には猫もいるらしく、特に日暮里駅から商店街へと下る階段「夕やけだんだん」は、猫スポットとして有名だ。

その谷中銀座へ足を踏み入れると――。

「どうなの、これ⁉」

Ｍ氏とＯ氏は首を傾げて顔を見合わせた。商店の屋根から通りを見下ろす猫のオブジェ、猫のしっぽをイメージした焼きドーナツ、猫の絵と「谷中」の文字が入ったトートバッグ、猫柄手拭い……。平日だというのに大勢の人で賑わうその通りは、違う意味で猫まみれだったのだ。

「ちょっと違うよね」

一応私も抵抗を示すふりをしてみたが、心中では「しまった！」と焦っていたのも事実。かわいい猫雑貨に興味はないと言ってしまったものの、ここにある猫関連のさまざまなグッズを見て、不本意ながら心躍る自分がいたのだ……。

素直に認めるのは少しばかり悔しいが、確かに、谷中銀座には猫好きの心をとらえるものがたくさんあった。

でも、肝心のリアルな猫はいなかった。

私たちは、人を掻き分け、掻き分け、猫スポットなる「夕やけだんだん」を目指した

が、やっぱりここでも空振り。個性的な名前がついている割には、目の前にあるのは普通の階段だったし、猫はいないし……。

「うーん……」

私が唸っていると、どこからか一匹の茶トラがあらわれた。

「いるにはいるんだね」

言いながら、私が猫に近づいてしゃがみ込むが早いか、ひとりの少女が横から猫をサッと抱き上げて少し離れたところに連れて行き、その場で猫とふにゃふにゃし始めた。大人気ないと思いつつ、私はムッとする。実は、谷中銀座に入る手前で人なつこい三毛猫に出会ったのだが、そのときも、私が猫とじゃれていると、あとから来た女性に猫を横取りされてしまっていた。

やれやれ、これじゃあ猫の取り合いだ。この町は、猫の数に対して猫好き人間が多過ぎるのではないか⁉

ワイルドな黒猫&お転婆下町娘の三毛

谷中銀座をあとにし、私たちは町を歩いてみることにした。これといったあてはなかったけれど、住宅街など人通りの少ない場所にはきっと猫がいるはずと思ったのだ。谷中

銀座は人が多すぎた。

案の定、下町らしい路地裏ではそこここに猫の姿があった。

長屋風の家の前では、姿勢を正して座る茶トラに出会った。私が近づいても逃げもせず、ただじっと同じポーズでこちらを見つめる。猫にありがちな、この素振り。こういうとき猫はいったい何を考えているのだろうか、といつも思うが、まだ答えは出ていない。

マンションの駐車場では、両方の耳の先が欠けたオス猫を見た。NPO団体やボランティアなどの協力で去勢手術を受けた地域猫は、その印として片耳の先が少しだけ欠けているのだが、この猫の場合は両耳、しかも、欠け方が他のコより大きい。喧嘩!? 眼光鋭く、ワイルドな魅力を放つ黒猫だった。

ピンクの首輪を付けた、美しい毛並みのメス猫とも会った。最初彼女は、私たちの側で地べたに転がって遊んでいたけれど、いきなり起き上がってタタッと駆け出し、マンションの植え込みの囲いに上って上を向く。どうやら彼女、電線に止まった雀を狙っていたようで、「ンニャ、ニャ」と鳴きながら、いつまで空を仰いでいた。

そのお転婆な下町娘は三毛猫だったのだが、谷中では、他にも何匹かの三毛と遭遇した。

実は、私はかつて三毛猫を飼っていた。そのせいもあり、私にとって猫といえば三毛。三毛など普通に存在するものだと思っていたのだが、猫のことを書くようになり、注意してよその猫を見るようになると、そうでもないことを思い知らされた。

「三毛猫って本当に少ないんだね。びっくり」

前に猫のいる酒場を飲み歩いたことがある。三〇軒の酒場を巡り、三〇数匹の猫と出会ったのだが、三毛はそのうちのたった三匹だった。それに驚いた私がこぼすと、

「当たり前でしょ。今さら何言ってるの!?」

と、やっぱり猫好きの友人は呆れ顔になって言った。

確かに、三毛はほとんどメスにしか出ない（オスに出る確率は三万匹に一匹）模様だから、数が少ないのは当たり前といえば当たり前なのだけれど、実感としては一〇匹の猫がいて三毛は一匹いるかいないか。それなのに、谷中では全部で二〇～三〇の猫に出会ったうちの数匹が三毛だったのだ。それがどうした？　と言われればそれまでだ。でも、三毛びいきの私としては、ちょっと嬉しい発見だ。

「夕やけだんだん」で猫がくつろぐ黄昏れどき

「ちょっと休憩しませんか」

そう言って編集M氏が立ち止まったのは、軒先に猫のTシャツやトートバッグなどが陳列された民家の前だった。「ねんねこ家」は猫グッズも売っているカフェらしい。

「ここには本物の猫がいるみたいですよ」

M氏の言葉に、ギクッとした。そして「だから、私は猫カフェには興味がないんだって」と心の中で毒づいたのだけれど、そこは猫カフェではなかった。古い民家を開放したカフェにたまたま猫がいる。というより、猫がいる民家がたまたまカフェになったというところ？　ま、どちらにしても、私たち客は、お猫様のお家にお邪魔してお茶を飲ませていただくことに変わりはない。

靴を脱いで通された場所は、まさしく人ん家の茶の間だった。それほど広くはない畳の部屋に小さなちゃぶ台が何卓か。そして、床にはミカンの段ボール箱が置かれ、中では茶トラの猫がウダウダしていた。私たちが部屋に入っていってもまったく動じない。「あ、どうも」とでも言いたげに私たちを一瞥しただけで、一緒に箱に入ったぬいぐるみに寄り添い、眠たそうな目でじっとしている。店のご主人によると、この猫の名前は「まさひろ」。もう一匹「さん吉」と呼ばれるキジトラがいる。「さん吉」は最初、私たちの側でウロウロしていたが、そのうち、「ちっ、つまんねぇ」という顔をして、スーッと部屋から出て行った。

猫カフェだと思っていたため、この店のことはよく知らなかった。しかし、あとから知ったところでは、ここは〝猫好きの聖地〟と言われているそうだ。この手の店は他にもあるというが、この店が元祖。オープンは一六年前、まだ谷中が「猫の町」と言われていない頃だから、谷中を訪れる猫好きを当て込んだわけではない。猫好きの店主が道楽で始めたとしか思えないのだけれど、そういうところが〝聖地〟たらしめたる所以

かもしれない。だって、羨ましい限りだ。できれば倣《なら》いたいと思うのは私だけではなかろうに。ちなみに、この店では、「谷中猫町巡りマップ」という手描きのマップを作成している。私も一部いただいたのだが、そこには、「猫好きにおすすめ処」としてカフェやギャラリーなどがマークされているばかりか、猫が多い場所まで懇切丁寧に記されていた……。頭が下がる。

店を出て、いただいたマップを頼りに、私たちはなおも町を散策した。

お寺の敷地内にある墓地では、卒塔婆に囲まれた墓石の上から、じっとこちらを見つめる黒猫がいた。見方によっては不気味である。猫好きでない人がそのシーンを見たならば化け猫を思い浮かべるかもしれない。ところが猫好きはそうじゃない。

「おっ、いい感じ。絵になるね」

などと思ってしまうし、

「どーして、そういうところが好きなのかなぁ」

と、微笑ましく見てもしまう。それは私だけだろうか……。

谷中霊園にもたくさんの猫がいると聞いた。すでに日も暮れかかり、さすがにその時間に墓地を訪れるのは腰が引けたが、実際に行ってみると、駅のほうを目指して歩く人、犬の散歩をする人、ジョギングをする人……。霊園の中を突っ切る通りにはまだ人の往来がたくさんあった。そしてまた猫の姿も。墓石の上や草むらでうずくまっている猫も

いたけれど、塀の上や墓石と墓石の間をうろちょろ歩き回る猫もいた。塀の上でボーッとしていた猫は、思い出したように塀から飛び降りて大きなあくびひとつ、そのあと、思い切り伸びをして、ふらっとどこかに立ち去った。町に繰り出すのだろうか。夜行性の猫にとってはこれからが本番だ。

帰り道、もう一度「夕やけだんだん」のところを通ってみると、三毛や白や黒や茶トラなど、そこにもたくさんの猫がいた。観光客もあらかた姿を消して長閑《のどか》さを取り戻した商店街。ネオンが灯り始めたその場所で、ホッとしたかのように猫たちはくつろいでいた。階段からは茜色に染まる空が見渡せた。私には、猫たちもときおり空を仰いでいるように見えた。夕やけだんだん、誰が名付けたのか、素敵な名前だと思う。

鞆《とも》の浦《うら》（広島県福山市）「ポニョの故郷」は「猫の里」——⑤

「潮待ち・風待ち、猫の町」は果たして真実か

瀬戸内に「鞆《とも》の浦《うら》」と呼ばれる場所がある。広島県福山市鞆町、古くから〝潮待ち港〟として栄え、万葉集にも詠《よ》まれているところだが、坂本龍馬ゆかりの地でもあり、宮崎駿監督がこの地に滞在して『崖の上のポニョ』の構想を練ったことから「ポニョの故郷」と呼ばれることもある。龍馬ブームやポニョのヒットで、何年か前にはこれまでにないほど観光客が押し寄せたというが、基本、穏やかな瀬戸内海に面した、ひなびた漁港だ。

私は、この地を幾度となく訪れたことがある。実を言うと、私の実家はここから車で二〇分ほどのところにあり、子どもの頃の海水浴といえば、たいていは鞆の浦だったのだ。

その場所が、いつの頃からか「猫の町」と呼ばれるようになっているとの噂を聞いた。私に猫にまつわる鞆の浦の記憶はないが、母に言わせると、「鞆といえば、石畳の道に猫がいっぱいおるイメージがある」。ネットで調べてみると、確かに、鞆の浦の猫に関する記述は少なからずあり、福山商工会議所が運営するホームページでは、鞆の浦のことを「潮待ち・風待ち、猫の町」とまで謳っているではないか。

私は居ても立ってもいられなくなり、彼の地に向かったのであった。

久し振りに鞆の浦の土を踏んだ。大人になってからも帰省したついでにふらっと訪れ

たことはあったが、それにしたって最後に訪れてから一〇年近くは経っている。

福山駅前のバスターミナルから路線バスに揺られること三〇分、終点よりひとつ手前の『鞆の浦』停留所でバスを降りると、目の前は瀬戸内海。初夏の爽やかな日差しを受けて凪いだ水面がキラキラと輝き、その中にポツリ、ポツリと小島が浮かぶ。

深呼吸をして潮の香りを嗅いだら、不覚にも涙が出そうになった。昔と少しも変わらぬ懐かしい景色に郷愁をそそられ、束の間、センチメンタルな気分に浸ったが、「猫はどこにいるんですか〜」というカメラマンO氏のおどけた声で、すぐ現実に引き戻された。そうだ、猫だった。早速私たちは、猫を探して町歩きを開始した。

鞆の浦は、海岸線と山が迫っているために平地が少なく、長崎ほどではないにしろ、坂道が多い。しかも、道の多くは幅が狭くて車は入って来られない。ということは、猫たちにとっては安全だということ。当然、そこいらにはたくさんの猫がいるに違いないと読み、私たちは、海岸通りから内側に入り、まず坂道を上って家々が集まっている場所に足を踏み入れてみた。

が、猫の姿はどこにもない。

「誰がこの町に猫が多いって言ったの？」

風情ある石畳の小径を歩きながら、O氏が嫌味たっぷりに言う。

「そう言えば、ここには坂本龍馬も来たんだよ。もしかしたらこの道を歩いたかもしれない。龍馬と同じ道を歩いていると思うと、ちょっと気分が良くない？」

話題を変えようとしてみたものの、

「龍馬はもういいよ。あいつはいろんなところに足跡を残し過ぎ。ありがた味もへったくれもあったもんじゃない」

吐き捨てるようにO氏は言った。鞆の浦は私にとって地元同然だ。何が何でも猫を探さねば！　使命感に駆られた私は、聞き込みを開始することにした。

「猫？　あぁ、昔はなぁ、ここら辺に仰山おったんよ。道にも家の屋根の上にも……あっちにもこっちにも仰山おってな、おばちゃんらは往生しょうたんじゃけど、どうしたんじゃろうかね、近頃は見んようになったわ」

道ですれ違ったおばちゃんは言った。もしこの話が本当だとしたら……。私はいろいろな意味で暗い気持ちになった。

同じようなことは、この地以外でもちょくちょく耳にした。いったいどういうことなのだろう。これ以上不幸な猫を増やすまいと、各地でボランティアなどの協力によって猫の避妊・去勢手術が進んでいると聞く。猫の数が減るのはその成果もあるのかもしれないけれど……。ひょっとすると私たちは、猫との共存をよしとする余裕さえ失っているのではないか、猫が生きる環境を奪ってしまうほど傲慢になっているのではないか……。そんなことを思うと、ちょっと憂うつになってしまったのだった。そもそも、おばちゃんの話が真実なら、鞆の浦まで来た意味がまったくないわけで……。どうかおばちゃんの言葉を否定してもらえますように。私はそう願いながら、さらなる聞き込みを

続けた。

「猫？　まぁちょくちょく見るけどなぁ。わざわざ写真を撮りに来る人もおってよ」

土産物屋のおかあさんに言われ、少し安堵する。

「猫なら常夜灯のところでよう見るけど」

波止場の突端に建つ石の常夜灯は江戸時代に造られたもので、かつては灯台の役割を果たしていたそうだが、現在は、鞆の浦のシンボル的存在になっている。数人から、その場所に猫がよくいることを教えられた。

「猫を撮りに来ちゃったん？　それなら、船着場のほうへ行ってみ。あっこらには猫がようちょろちょろしとるで」

「船着場」という言葉もたびたび耳にした。

こうした情報を頼りに、私たちは元来た道を引き返し、海岸沿いを歩いてみることにした。すると、海岸通りに沿って伸びる防波堤に黒猫を発見。その猫は潮風に吹かれながら、防波堤の縁《ふち》のところをのたりのたりと歩いていた。

「これぞ瀬戸内海の猫、というところじゃない？」

意味不明のことをこぼしながら見ていたら、私の視界から猫の姿が忽然と消え失せた。

「海に落ちた!?」

私とO氏が大急ぎでその場に駆け付けて下を覗き込むと、そこには消波ブロックが積み上げられていた。よくよく見ると、さっきの黒猫は、その隙間を相変わらずゆったり

と歩いているではないか。どうやら干潮時のこの場所は、この猫の秘密の通り道になっているらしい。猫は、私たちが思っている以上に賢く、かつ逞しい生き物のようである。

女子中学生と「ちぃちゃんの美容室」

停められてあった車の下に潜って涼を取るキジトラ、左右を確認してから海岸通りをサッと渡る白黒ブチ、港を悠然と歩く黒茶、民家の軒先でじゃれ合うキジ白の親子……。生憎、常夜灯付近で猫に出会うことはなかったけれど、町の人が言った通り、船着場など海の近くでは猫の姿をちらほら見ることができた。

しかし、この程度で「猫の町」と言えるのか？　もし本当にこれ以上猫の姿がなかったら、鞆の浦を「猫の町」と謳っている福山商工会議所に抗議の電話を入れてやる……。半ば本気で思いながら再び山の手を歩いていると、たまたま前を通りかかった神社の境内で中学生の女子が三、四人ほどたむろしているのが見えた。と言うと、〝いかにも不良〟というイメージを抱きがちだけれど、それとはほど遠い、純朴な感じの少女たちだった。何が楽しいのか、キャアキャア歓声をあげながら地べたに座って話し込んでいた。

「この神社に猫はおるんかなぁ？　見たことある？」

私が尋ねると、彼女たちは顔を見合わせて首を横に振る。

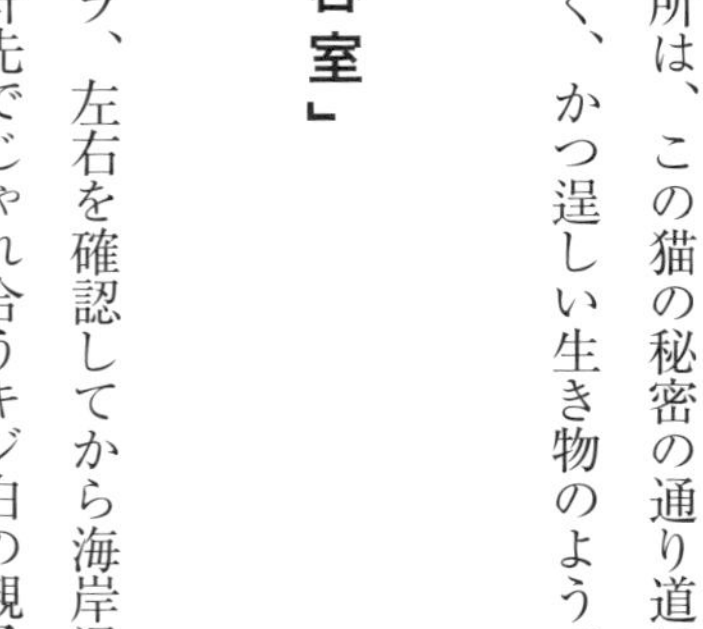

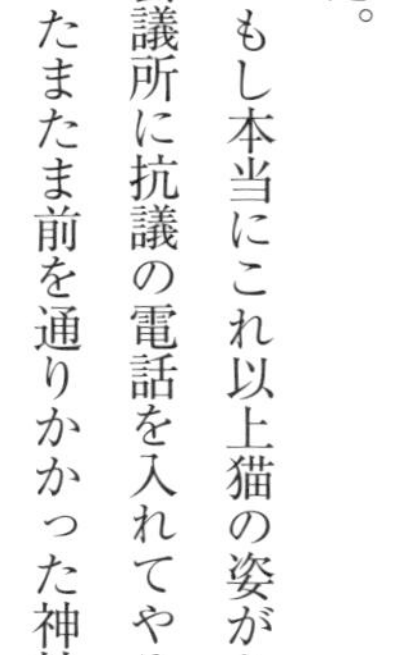

「この辺で、どっか猫がいっぱいおるところを知らん？」

思い切り備後弁になって私がなおも尋ねると、彼女たちは何やらボソボソ話していたが、そのあとひとりの少女が皆を代表するように言った。

「あの、ちぃちゃんの美容室があってな、そこの前にはいっつもいっぱいおるよ。いつ通ってもおるけぇ、今もおるんじゃないかと思うんじゃけど」

「ありがとう」

少女たちにお礼を言い、私たちは教えられた方角へと歩を進めた。しかし、実はあまり確信が持てなかった。

「もうちょっと行くとスーパーがあって、そこの裏のほうをあっちへ行って、今度はそっちへ行って……」

少女の道案内はいかにも頼りなかったし、「ちぃちゃんの美容室」とは、私は「ちぃちゃん」と呼ばれる少女の知人か誰かが経営している美容室だと思っていた。美容室の正式な名前もわからず、こうして歩いているだけで本当に見つかるのか？　と疑心暗鬼だったのだが、五分と歩かぬうちに、住宅街の細い道の真ん中に寝転ぶ猫の姿が私の目に飛び込んできた。近づいて辺りをキョロキョロすると、いる、いる。一匹、二匹、三匹、四匹、五匹、六匹……。庭先で毛づくろいをする猫、家の脇に置かれた段ボール箱の中でうつらうつらする猫、塀の上でうずくまる猫、その姿を下からじっと見つめる猫……。一軒の民家を中心に、数匹の猫たちがてんでばらばらに過ごしていて、よく見る

と、普通の家だと思ったその家の玄関には、『ちぃちゃんの美容室』と文字の入った看板が掲げられていた。

「ごめんなさい」

私は心の中で少女たちに詫びを入れた。

「猫のことなら子どもに尋ねろ！」を知る

「やっぱり、これくらいの数がいないと〝猫の町〟とは言えないだろう」

そんなことを言いながらシャッターを切るO氏。

「そうそう、これこれ。こんなシーンを求めていたんだよね」

嬉々として応える私。気がつくと、自転車にまたがった男の子がすぐ側にいた。小学校の低学年らしいその少年は、ペダルを踏む足を止め、興味深そうに、そして、何か言いたげに私たちを見つめていた。

「猫がいっぱいおるところを知っとる？」

私が話し掛けると、少年は戸惑いの表情を見せて一瞬俯《うつむ》いたけれども、すぐに向き直って元気な声でひと言放つ。

「圓福寺《えんぷくじ》！」

少年が指差して教えてくれた方向に歩いていくと、急な階段に差し掛かった。登り口には、猫をかたどったボードが数枚。高台にあるレストランの案内らしい。

「ま、さ、か、このボードのことを言ったんじゃないよね」

またもや少年の言葉を疑った私だったけれど、またまたすぐに謝ることになる。

息を切らしながら長い階段を上っていくと、上り切ったところに寺院があり、その門の前の石畳の上でほっこりする二、三匹の猫がいた。喜び勇んで近寄って行った私たちは、その猫たちとは別に、枯草の中でまどろむ、やはり二、三匹の猫を見つけた。墓石の前で懸命に毛づくろいをする猫もいた。どこからともなくあらわれて、私の足に体をすり寄せる人なつこい猫もいた。

「いるいる、本当にいたねぇ」

私たちは小躍りしたが、これで終わりではなかった。寺院の前からは、私たちが上ってきた階段とは反対方向、海岸のほうへと続く坂道があった。そちらに何気なく目をやると、民家の青いトタン屋根の上に〝猫まんじゅう〟があった……！　数匹の猫が団子になってくつろいでいたのである。こちらはすべて一族なのだろうか。三毛や白茶ブチだったりと柄の系統が同じで、皆よく似た顔をしていた。

「いいじゃないですか、いいじゃないですか」

O氏が夢中になって撮影していると、草むらの中や屋根の上から猫が起き出し、一匹、また一匹……と、私たちの側に集まり始め、いつの間にかお寺の前は猫だらけになって

いた。

「ごめんなさい」

私は、目の前にいない少年に向かって、今度は声に出して謝っていた。まぁ、厳密には、猫がたくさんいるのは圓福寺というより、そのお寺へと続く坂道や門の前辺りだったのだが……。

しかし、この場所にしても、『ちぃちゃんの美容室』にしてもそうだけど、私が聞き込みをした大人たちの口からこれらが出ることはなかった。結構な人数に尋ねたのに……。猫のことなら子どもに任せろ！　を今後の教訓にしようと、私はつくづく感じたのであった。

石畳の上でまったりするたくさんの猫たち、その背後に見える波のない穏やかな海。瀬戸内らしい長閑な景色の中に、私はしばし浮かんでいた。

尾道《おのみち》（広島県尾道市）

『猫の細道』、リアルキャットの通り道

⑥

中途半端な猫グッズにゆる〜い瀬戸内気質を見た

この中途半端な感じが悪くないな……。

私はそう思いながら尾道のアーケード商店街を歩いていた。

鞆の浦のすぐ側の尾道は、坂と寺院が多く、志賀直哉や林芙美子などの文豪ゆかりの地でもあり、この地出身の大林宣彦監督が故郷を舞台に何本もの映画を撮っていることから、「坂と寺と文学と映画の街」などとも言われ、広く知られているところである。近年ではそれに「猫」も加わり、多くの猫好きが観光を兼ねて訪れていると聞く。

ちょっと悔しい気もするが、観光地としては鞆の浦よりも格段上。しかも猫をウリにしているというのだから、私としてはライバル心の炎がメラメラと立ちのぼる。町中に猫がいて、猫の看板やポスターなんかもたくさんあって、土産物には猫関連のグッズがいっぱい並んで……。こうやって猫を前面に押し出している尾道を想像したりなんかしていた。もしそうだったとしたら、鞆の浦は完敗だ、と覚悟もしていたのだが、商店街を歩く限りでは、猫を前面に押し出しているわけではなさそうだった。

“猫豆”なるラベルが貼られた豆菓子を店頭に並べていたり、アーティスト作らしいド派手な招き猫を売っていたり、店先に猫柄のトートバッグをぶら下げていたり、ショーウインドウに猫関連グッズを飾っていたり。こんなふうに、店によっては、猫をちょろっ

とウリにしているところもあるにはあったのだけれど、町が一丸となって、というよりは、銘々が好き勝手になんとなーくやっているという印象。

「近頃は尾道も猫がウリになっとるみたいじゃけえ、ほんなら、うちにもちょっと置いてみようかなぁ」

そんな感じの中途半端さに私は好感を抱いたのだった。のんびり、おっとりの瀬戸内気質を見た気がしたのだ。

猫の姿がないのは暑さのせい!?

尾道駅に降り立ち、アーケードを抜けて私たちが最初に目指したのは『猫の細道』。ロープウェイの山麓駅付近から天寧寺三重塔にかけ、艮《うしとら》神社の楠に守られるようにしてひっそりと続く細い坂道だ。およそ二〇〇mほどの路地周辺には空き家を再生した隠れ家的な店も多く、観光客も多く訪れるというが、一番の目当ては作家の園山春二氏の手による「福石猫」なるものだとか。

これが結構たいそうな代物らしく、長い年月日本海の荒波に揉まれて丸くなった石を半年ほどかけて塩抜きしたうえで、下地と上地を重ね塗りして猫の絵を描くため、完成までには七、八カ月もかかるという。しかも、その完成品のひとつひとつは、艮神社で

お祓いを受けているらしい。

まぁ、早い話、「福石猫」とは猫の絵が描かれた丸い石なのであるが、『猫の細道』には、この石がたくさん放たれているというのである。道端にはもちろん、屋根の上や草むらの中にまでいて、季節によっては雑草や木々の葉が生い茂って見えなくなっているものもあり、それらをひとつひとつ探して歩くのが、また楽しいということで。

細い坂道を登り始めてすぐ、「福石猫」は見つかった。『招き猫美術館』の入口や庇の上などに放たれたそれは、ポップな姿を見せてくれていた。

でも、正直、私はその石に特別興味はなかった。では、なぜ『猫の細道』を目指したのかというと、そこがリアルキャットの通り道にもなっているという情報を得ていたからだ。つまり、その場所に行けばたくさんの猫たちに出会えるはず、と読んだのだ。

猫の通り道というからには、階段を上り下りしたり、タタッと横切ったりして、普通に猫の往来があるのかと思っていたけれど、ちょっと甘かった。最初にこの道を歩いたときにはなかなか猫の姿が見えず、キョロキョロした挙げ句の果てにやっとのことで、細道を反れた神社の敷地内で一匹のキジトラを見つけただけだった。本格的な夏までにはまだ少し間があったけれど、真夏のように厳しい日差しの午後だった。その猫は、鬱蒼とした木々の下で少しでも体力を温存しようとしているかのように、じっとうずくまっていた。

細道を登り切ったところでふと見ると、脇道の階段でお腹を出し、酔っぱらいのオヤ

ジ座りのような格好でへたっているキジ白がいた。いかにもだるそうな表情。

「こう暑くちゃ、仕方がないよね……」

私は誰にともなくつぶやいていた。暑さと日差しが一段落する夕方まで猫たちには出会えないかも……。一度は腹をくくった私たちであった。

〝言霊〟の存在を思い知らせてくれた猫一匹

暑い、とにかく暑かった。どこかで休憩して水分補給をしなければ体が持たない。坂道を下って海岸通りを歩いていたとき、たまたま見つけたカフェに私たちは飛び込んだ。炎天下を歩いてきた私たちにとって、そこは楽園だった。エアコンの効いた室内、冷たい飲み物。それだけでもありがたいと思ったのだけれど、床から天井までの大きなガラス窓があり、すぐそこに尾道水道、その向こうに向島が見渡せ、視線を左側にやると、瀬戸内しまなみ海道の新尾道大橋が見えた。私たちの目の前にはいかにも尾道らしい光景が広がっていたのだ。少し開けられた窓から入ってくる心地良い風、潮の香りが鼻孔をくすぐり、旅情を盛り上げる。

「こういう場所に猫がいたら最高だよね」

私が言うと、カメラマンO氏が切り返す。

「そうそう都合良くはいかないだろうに」

店には私たち以外、客はいなかった。レジのところにはイケメンの青年が所在なさげに立っていた。そういう人を見ると、すぐに猫のことを尋ねてみたくなる。もはや私の習性になりつつあった。

「猫、ですか?」

私が「尾道には猫が多いとか?」と水を向けると、彼は不思議そうな顔をして言ったのだった。

「多いのかなぁ……。僕自身は尾道に猫が多いという実感はないですねぇ」

ということは、『猫の細道』に猫の姿がなかったのは、たまたまではないということか? それとも、この青年が知らないだけなのか? いやいや、いかにも地元の人らしいし、知らないってことはないだろうに……。あれこれ考えを巡らせていたら、彼が続けた。

「少なくとも、この辺りでたくさんの猫を見かけることはありません。ただ、茶色の猫が一匹だけいるのは確か。いつも店の前をウロチョロしていますよ。そう言えば、さっきも見たなぁ」

彼の話を聞いて私たちは大きな窓から外を見渡したが、猫の姿はどこにもなかった。

「ほら、やっぱりそう都合よくはいかないってことですよ」

O氏はこう言い残してトイレに立った。と、その途端、私の視界に動く茶色の物体が飛び込んできた。猫だった。O氏を呼び戻そうとして私が振り返ったときには、彼はす

でに扉の向こうに消えたあとだった。

猫はゆったりと店の前を横切っていく。バックには尾道水道と向島。窓から見るその光景は、猫旅・尾道を象徴する一枚の写真のようだった。

あ〜ぁ、絶好のシャッターチャンスだったのに……。

O氏はなんて運の悪い人なのだろう。私は失笑を禁じ得なかった。言霊、というものは本当にあるのかもしれないなぁ。

最後に姿を見せてくれたたくさんの猫たち

カフェで休んでエネルギーをチャージした私たちは、再び山の手のほうに向かった。尾道も鞆の浦と同様に平地がとても少ない。海岸線からさほど離れていないところに山陽本線の線路が走るが、それを渡ると、いきなり坂道や階段が迫りくる。多くの民家がその途中に点在する。上のほうに住んでいる人はいったいどうしているのだろう。眺望には恵まれているけれど、車の入れない細い道がほとんどだ。毎日、こんな坂や階段を上り下りするのはひと苦労だと思うのだけれど……。

ハァハァ言いながら私たちは坂道を上り、あてもなく歩き回った。その甲斐あって、何匹かの猫たちに出会うことはできた。側溝を匍匐《ほふく》前進して遊ぶ二匹の白黒ブチ、エア

コンの室外機の上で居眠りする三毛、趣のある木戸の前で立ち止まって〝見返り美人〟になった白黒……。猫の姿をまったく見掛けない町もあるくらいだから、それに比べれば「猫が多い」と言えなくもない。しかし、長崎や田代島を知っているだけに、この程度で満足できる私たちではなかった。

「もっと探せばたくさんいるんだろうか」

「でも、これで〝猫が多い〟と言っているのかもしれないし」

「もう限界かなぁ」

「どうしよう……。もうちょっと歩いてみる?」

「うーん……」

優柔不断な私たちは結論が出ないまま歩き続けていた。が、潜在意識は尾道での猫探索にピリオドを打ちたがっていたのだろう。いつの間にか私たちは坂を下り始めていた。急な坂を上り下りしたせいで、膝がガクガクする。でも、どこかで「まだまだ」という気持ちも残っていたのだと思う。道端で立ち話をするおいちゃんとおばちゃんに遭遇したとき、私たちはどちらからともなく、その人たちに猫のことを尋ねていたのだった。

「ここら辺に猫はたくさんいるんですかね?」

するとおいちゃんが言った。

「おるもなんも、もうちょっと上のほうに行きゃあ仰山おるが」

「『猫の細道』のことですか」

「ああ、あっこもそうじゃけど、他でもいっぱいおるよ。近頃は、猫を見によそからも人がいっぱい来てんよ。写真もよう撮りょうてよ」

言いながらおいちゃんはO氏のほうをちらっと見た。

「人がいっぱい来るんはええんじゃけどな、その分、おじさんの仕事が増えるんよ」

「仕事?」

「そうじゃが。皆が猫にエサをやるじゃろぉ。それはええんじゃけど、人間でもそうじゃけど、食べりゃあ出す。出したものは始末をせんといけん。じゃけぇ、おじさんは上のほうの公園やらなんやらに行って、毎日、掃除をするんよ」

その口調は決して非難めいたものではなかった。おいちゃんは身振り手振りを交え、実に楽しそうに話してくれたのだ。

「そうですか。ご苦労さまです」

こう言う私を見て、おいちゃんはニコニコ笑っている。

「で、上のほうに行くと猫は本当にたくさんいるんですね?」

O氏の言葉を受け、おいちゃんは笑顔のままコクンと頷いて言った。

「嘘じゃと思うんなら、まぁ行ってみ。自分の目で見るんが一番よ」

おいちゃんの言葉に背中を押され、私たちは踵を返して再び坂道を上った。さっきよりも足取りが軽くなっているのが自分でもわかった。

夕方になり、日差しと暑さが少し和らいでいたせいもあったのかもしれない。坂道や

階段を適当に上っていくと、たくさんの猫たちに出会うことができた。

志賀直哉の旧居の前には、賢そうな茶色の猫が佇んでいた。ブロック塀の上をキャットウォークでつたう黒猫がいた。そのあとを追って白黒ブチが塀によじ上る。その二匹の様子を少し離れた塀の上でじっと見つめる三毛猫一匹。よくよく見ると、さらにその奥のほうには、塀から張り出した板の上で眠り呆《ほう》けるキジトラもいたりなんかして……。『猫の細道』でも、昼間出会えなかった猫たちの姿を見ることができた。休みらしいカフェの庭では、一匹のキジ白と二匹のサビがまったりしていた。そのカフェの前を黒猫がテケテケと横切っていく。家の影から顔だけ覗かせてこちらを窺う茶トラもいた。

私たちはすっかり満足し、坂を下って山の手に別れを告げた。相変わらず膝は笑っていたけれど、そんなことは気にならなくなっていた。

駅に向かう途中で再びあのカフェのほうへ行ってみると、茶トラの猫がウロウロしていた。間違いなく昼間の猫だった。今度はO氏もしっかり写真におさめることができた。夕陽を映してオレンジ色に変わろうとしつつある海をバックに悠々と猫が歩くその写真は、尾道らしい一枚になったと思う。

真鍋島《まなべしま》（岡山県笠岡市）

白黒一族が治める「水軍の島」――⑦

地元の人も知らない猫の隠れ家

瀬戸内猫旅の最後に私たちが訪れたのは、岡山県笠岡市真鍋島《まなべしま》。山陽本線笠岡駅から徒歩で五分ほどのところにある笠岡港から高速船に乗っておよそ四五分、穏やかな瀬戸内海に浮かぶ島である。

この真鍋島、面積一・四九㎢、周囲七・六㎞の小さな島だが、事前に調べたところによると結構歴史のある島で、西暦七九五年に弘法大師が開いたと伝えられる古刹《こさつ》があったりする。平安時代末期には藤原氏の一族が水軍の拠点をここに置いて真鍋姓を名乗り、全盛期には付近の島々を支配下に治めていたとかで、真鍋一族の城趾や供養塔などの史跡もある。風情ある昔ながらの町並が残り、映画やテレビドラマのロケに使われたこともあるらしい。

しかし、私たちが島を訪ねたのは、そんなことが理由では決してない。今さら言うまでもないけれど、目的は猫である。真鍋島は瀬戸内海屈指の「猫の島」との呼び声が高いところなのだ。

笠岡港発九時一〇分の高速船に乗り、九時五四分に真鍋島の本浦港に到着した私たちは、すぐに聞き込みを開始した。というか、たまたま船着場の側で作業をしている男性を見掛けたため、ちょっと聞いてみただけなんだけど……。その人によると、猫がよく

いるのは学校の付近だという。この島に学校はひとつしかない。学校といえば真鍋中学校のことだ。私たちはさっそくそちらに向かった。

「いないね……」

船着場からそれほど遠くはなかったけれど、真夏のような炎天下、学校に至るまでの坂道がキツくなかったと言えば嘘になる。真鍋島での猫探索、幸先よくスタートさせたかったのだが、島に降り立ってから学校に至るまでに遭遇したのは、茶色とグレーが混ざったような長毛猫一匹……。映画のロケに使われたという、小高い丘に建つ古い木造校舎、その周辺をウロウロしてみたけれど、猫の姿はもちろん、人っ子ひとり見当たらない。

六月初旬、西日本はとっくに梅雨入りをしていたが、この日は朝からよく晴れていた。しかし、いかんせん暑すぎた。三〇℃は優に超えていたと思う。

神に見放されたように気になりながら歩を進めていたら、家の壁に葦簀《よしず》が立て掛けられているのが目に止まる。この炎天下に比べたら、あの葦簀の陰はどんなに涼しいことだろう。そんなことを思いながらふらふら近づいてその内側を見ると、なんとそこには猫がいた。だるそうに体を投げ出している白黒猫だった。その猫は私と目が合うと、「ふにゃっ」と、ほとんど声にならない声をあげた。声を出すのも億劫だったに違いない。その日の真鍋島はそれほど暑かったのだ。

立ち止まって額に流れる汗を拭いていたとき、向こうからひとりのおとうさんが歩いてくるのが見えた。「猫のことなら子どもに尋ねろ！」を鞆の浦で知った私たちではあったが、平日の午前中である。子どもの姿はどこにもなかった。この際、大人でもいい。とにかく、聞き込みをしなくては！　おとうさんのもとに小走りで行って私が尋ねると、おとうさんは言った。

「猫？　猫ならこの島にはいっぱいおるよ。学校のほうにもおるけど、船着場の近くにもいっぱいおるで。あの辺りじゃあエサがもらえるけぇ、一〇匹や一五匹は集まるんよ。でも、今はおらんのじゃないかなぁ。こう暑うちゃあ、猫もどっかに隠れとるんよ」

やっぱりか……。諦め切れずに私はなおも尋ねてみた。

「で、猫はどこに隠れているんですかねぇ」

「あいつらは賢いんじゃけぇ、涼しいところをよう知っとるんじゃろう。でも、それがどこかはワシは知らん」

そう言っておとうさんは照れたような笑みを浮かべたが、カメラマン氏が肩から掛けているカメラを一瞥して、さらに続けた。

「あんたら猫を撮りに来たん？　どこから？　え、東京からな。なぁ〜んと物好きな」

おとうさんは呆れ顔になったあと、「まぁ、しっかり撮ってくだしゃあ」と言い残して去って行った。

〝人たらし〟くんにすっかりたらし込まれて

暑い、猫はいない、行くあてもない……。私たちは途方に暮れそうになったけれども、とにかく歩いてみるしかない。しばらく集落を彷徨ったあと、「一〇匹や一五匹は集まるんよ」というおとうさんの言葉に一縷の望みを託して船着場の辺りに戻ってみると、作業用の一輪車の下でぐったりして休んでいる白黒猫がいた。どこかで見覚えのある顔……。そうだ、その猫は、いつの間にやって来たのか、葦簀の陰にいたコだったのだ。すぐ側には大柄なやはり白黒猫。鼻の下の黒い模様が口ひげみたいで、まるでチャップリンだった。親子なんだか兄妹なんだか夫婦なんだか知らないけれど、チャップリンは貫禄たっぷり。一輪車の下のコのボディガードをしているようにも見えた。

ふと振り返ると、路地の入口のところにちょこんと座って私たちのほうをじっと見ている、やはり白黒猫がいた。私と目が合うと、その猫はテケテケテケと私のもとにやってきた。ハチワレの整った顔立ちをしていた。まだ大人になり切っていないのだろうか。どことなくしぐさや体がつき子どもっぽいその猫は、私の足に体を擦り寄せて甘えてきた。ひとしきりスリスリしたあと、今度は私の顔を見上げてニャアニャア鳴く。つぶらな瞳と甘えた鳴き声……。もし私がそのとき鯛の刺身を持っていたら、たとえそれが高価であろうと、誰か大切な人のために買ったものであろうと、構わず差し出したと思う。

その猫は天下一級の〝人たらし〟。すっかりたらし込まれた私は、食べ物を何も持って来なかったことを本気で悔やんだ。

〝人たらし〟くんが戻って行った路地をのぞくと、いつやって来たのか、どこからやって来たのかわからないけれど、そこには、適当な距離を置いて道の両側でまったりする猫数匹。海からの風が吹き抜ける日陰の路地。たくさんの猫が集まっているのは、その場所が涼しいからだろうと思ったのだが、実は、そればかりではなかった。

しばらく何ごともなく時間は流れたが、路地の向こうからひとりのおかあさんが歩いてくると、くつろいでいた猫たちが一斉に起き上って、その人のもとへと駆け出した。そして、ニャアニャア鳴きながら、その人にまとわりつく。

「なに、なに？　なにを甘ようるんね」

どこかから戻ってきたらしいおかあさんは猫たちを適当にあしらいながら、木戸を開けて家の中に入って行った。猫たちは、このおかあさんの家の前に集合していたようなのだ。おかあさんが家の中に入ってしまうと、前足で木戸をカリカリやって「開けてくれ〜」と訴える猫もいた。

一〇分くらい経ってから再びおかあさんが出てくると、またもや猫たちは一斉におかあさんの足元に集まった。おかあさんの手には蒸しパンとおぼしき白いもの。おかあさんはそれをちぎっては放り、ちぎっては放りして猫たちに与えた。猫たちは競い合って

それを食べている。

「今家に戻ってきて、小腹が空いたんで食べとったんじゃけど、ちょっと食べたら腹がいっぱいになってしもうてね。そんなら猫らにやろうかなと思うて」

私が側でおもしろそうに見ていたら、問わず語りにおかあさんは言った。

「このコたちはおかあさんの猫?」

「いいや、私が飼ようるわけじゃないんよ。猫を飼ようた人が島を出ていくと、猫を置いて行ってんよ。かわいそうなけぇ、こうやって食べ物をやっとるん。私もひとりじゃしね、食べ物は猫と分けりゃあええと思うてなあ」

こう言いつつ、「ほら、ちゃんと食べねぇ。ここにまだ残っとるが」と猫にも話しかけながら、地面に散らばった蒸しパンを集めて猫の前に置くおかあさん。無垢な瞳でおかあさんの一挙手一投足を追う猫たち……。私は、おかあさんと猫たちとの交流に心が温かくなるのを感じながら、飽きずにその光景を眺めていた。

夕方になって少し涼しくなったためだろうか。船着場の前で子どもたちが遊び始めていた。そのすぐ側には、赤い首輪を付けた白黒猫がいた。涼しい家の中でじっとしていたけれど、日差しが和らいだので散歩に出てきた、といったところだろうか。その猫は、他の猫と交わることなく、悠々と船着場を歩き回っていた。

おかあさんの家の前には、相変わらず猫たちがたむろしていた。その猫たちは皆、白

黒や白黒ブチだった。体はグレーのような薄茶のような毛に被われた猫が一匹だけ混ざっていたけれど、その猫にしても、顔と尻尾と足の一部は真っ黒だった。

私にとって、これほどまでに同じ系統の猫が目立つ場所は初めてだった。二一世紀の今、真鍋氏に変わって島を治めているのは、この白黒一族か⁉ なんてことを考えてみたり。猫たちは、なんだかんだと想像力を掻き立ててくれる（というか、勝手に想像して楽しんでいるだけだけれども）。だから、猫好きは猫にかまうことをやめられない。

私のニャンクチュアリ巡礼は、これからもまだまだ続く——。

PART 2

猫の神様に会いに行く。

2時22分22秒の
カウントダウンで「ねこまつり」

——少林神社《わかばやしじんじゃ》(宮城県仙台市若林区)

JR「仙台」駅から市営バス「南小泉二丁目」下車徒歩1分

仙台市内に、毎年「ねこまつり」を開催している神社がある。仙台市若林区の「少林《わかばやし》神社」がそれだ。境内には「猫塚神社」と呼ばれる祠《ほこら》があり、猫の伝説も残っているという。

伝説とは、つまりこうである。

昔、この地に、姫様と姫様にたいそうかわいがられている猫一匹。ある日、その猫が姫様にまとわりついて離れず、そのうち姫様に飛び掛かろうとした。それを見た殿様は怒り心頭、即座に猫の首を刎《は》ねてしまったのだが、よくよく見ると、刎ねた猫の首は大蛇の喉に噛み付いているでは……。猫は姫様を大蛇から守ろうとしたのだった。が、あとのまつり。己の行いをひどく後悔した殿様はこの地に塚を建て、猫を手厚く葬って供養した――。

「ねこまつり」は、この伝説にちなんで二〇〇六年から毎年秋に開かれている催しだ。猫モチーフのスイーツや雑貨の販売ブース、飲食屋台などが用意された境内では、猫グッズのオークションやら猫音頭ダンスやらが行われ、午後二時二二分二二秒には、集まった者全員で「さん、に、いち、ニャー」のカウントダウン唱和もあるらしい。

本当はその「ねこまつり」に参加してみたかったのだけれども、まったくもって予定が合わず、まつりとは何の関係もない季節の、ただの平日に訪れ

道路沿いにある駐車場の奥まった場所にひっそり佇む、無人の小さな神社。「少林」と書いて「わかばやし」と読む。

境内には、この場所をテリトリーにしているらしい猫の姿が。

てみようとしたのだが、いざ近くまで行っても、なかなかその場所が見つからない。

仙台駅前からバスで二〇分ほど、若林区文化センター近くにあるということだったが、「若林区文化センター入口」停留所で下車して（実は最寄りの停留所は「南小泉二丁目」だということがあとから判明）通りすがりの中学生何人かに尋ねても「さぁ？」との反応。次に中年女性に聞くと、「確か、あっちのほうに小さな神社があったような……。多分、そのことだと思うけど……」。大々的（かどうかは知らないが、恐らく）に「ねこまつり」が開催されている神社だというのに、これほど地元の人に知られていないとは……。

ちょっと驚きつつ、不安になりつつ、女性が指差したほうへと向かう途中で、たまたま前を通りかかった昔ながらの酒屋で「少林神社へはどう行けばいいんでしょう？」と尋ねてみると、「猫？　猫塚神社に行くの？」と、店番をしていたおじちゃん。ニコニコしながら、わざわざメモ用紙を取り出してきて地図まで描いてくれたのだった。

知っている人は知っているんじゃないか……。胸をなで下ろしながら、その地図を頼りに二、三分ほど歩くと、ただの空き地のように見える未舗装の駐車場、その奥まったところに少林神社はあった。

「少林神社」境内の左手奥、「猫塚古墳」の上にある「猫塚神社」。祠には、いくつもの招き猫が奉納されている。

鳥居の正面には古ぼけた小さな社《やしろ》があり、脇に「猫塚古墳」の柱が立っていた。柱に書かれた説明によると、この古墳は直径七、八mほどの円墳状で、前方後円墳の後円部であるといわれているが、内部構造などは不明とのこと。既述した猫にまつわるが伝説が名称の由来らしい。

この古墳の上に建っているのが猫塚神社である。それは、小さな小さな祠だった。地元の人たちが奉納したのだろう。祠にはいくつもの招き猫が置かれ、それらに混ざって猫缶も祀られていた。

神社の境内は、ひっそりと静まり返っていた。「ねこまつり」のときはさておき、普段は訪れる人もいないのだろう。祀られている神様は淋しくはないのだろうか、などと思ったりもしたけれど、猫はガチャガチャ忙《せわ》しない場所は好きじゃないしなぁ……と、私は思い直す。

境内に立つ石碑の上では、茶トラ白の猫がまどろんでいた。私が近づくと、一瞬警戒の表情を見せたが、すぐに再び目を閉じた。社の裏手の草むらでは黒猫が遊んでいた。近くには、誰かが猫たちにエサをあげているらしい器がいくつもあった。

「猫の島」をひっそり見守る猫神様

——美《み》與《よ》利《り》大《だい》明《みょう》神《じん》（宮城県石巻市田代島）

石巻港から「網地島ライン」で「田代島大泊」、または「仁斗田」下船徒歩20〜30分

猫の島・田代島には〝猫神様〟が祀られている。

猫の多い島に猫神様。当たり前と言えば当たり前なのかもしれない。

昔から、船が出航するときには必ず猫を伴ったという。長崎で出会ったザボン屋のおかあさんも言っていたのだけれど、船の中で猫が大人しくしていれば晴天、騒げばシケになると言われ、船乗りや漁師の間で、猫は航海の守り神とされてきたのだ。田代島は漁で生きてきた島である。古くから猫を大切にしてきたのも頷ける話。しかも、この島では、猫は大漁を招く縁起の良い生き物とされてきたらしい。神様として崇められても、何の不思議もない。

その猫神様が祀られているのが、島の人からは「猫神社」として親しまれている「美與利大明神」だ。島のほぼ中央、仁斗田《にとだ》と大泊《おおどまり》のふたつの集落を結ぶ道の途中に、その神社はある。

仁斗田の集落から、「猫神社」と書かれた手作り風の案内板が指す方向に山道を登る。道は舗装されているけれど、両側は山林で民家はなく、人の気配はまったくない。ときおり軽トラが追い越して行くくらいで、辺りはシンと静まり返る。途中、廃校に出くわしたりなんかして、夜なら絶対にひとりでは歩けなさそうな道だ。

山道を二〇分くらい歩いた頃だろうか。私はそろそろしんどくなりかけて

島の人から「猫神社」と呼ばれて親しまれている「美與利大明神」。標識もこの通り。仁斗田の集落から、この標識を目印に一本道を登っていくと目的の場所はある。

仁斗田と大泊、ふたつの集落の中間辺り、山の中腹に建つ「猫神社」。小さな祠が赤い柵で囲まれるようにして建っている。

いたのだが、そんなとき、二匹の猫に出くわした。人も車もほとんど通らないアスファルトの道にふにゃっと寝そべって目を閉じているキジ白くん。道路の脇の茂みで遊んでいたけれど、私たちに気付くとテッテッと駆け寄ってきたアメリカンショートヘア風くん。このコたちはいったい……。廃校をねぐらにしているのだろうか。だとしても、食べ物はどうしているのだろう。ネズミなど野性の生き物だけを食べているにしては毛並みもいいし、体格も悪くないぞ。仁斗田までも大泊までも結構な距離だけれど、わざわざエサをもらいに山を下っているのだろうか……。

束の間、猫たちと戯れたあと再び歩き出してすぐ、道の脇に設けられた赤い柵の中に小さな社があるのが目に留まる。

猫神様のお出ましだった。

脇には社が建てられたいきさつを書いた立て札があった。それによると、明治時代末から大正時代にかけて、島では大謀網《だいぼうあみ》（定置網のひとつの種類）漁が盛んに行われていた。例年、春になるとその漁の準備が始まり、皆、時間を惜しみながら忙しく働いたが、そこには春の陽射しに誘われて人なつこい島の猫たちも集まってきた。漁師たちはその姿に心を和まされていたが、ある日、錨《いかり》を作るために砕石《さいせき》していたところ、石片が飛び散って一匹の猫を

田代島と「猫神様」との縁を説明した看板も。これを読むと、この島が「猫の島」と呼ばれるようになった理由が見えてくる。

祠の前には、参詣者が供えたらしい招き猫をはじめとする猫グッズが。石に猫の顔を描いた「猫石」も供えられている。

直撃、瀕死の重症を負わせてしまうという事故が起きる。島では昔から「大漁を招く」として猫を大切にしていただけに、漁の総監督はひどく心を痛め、今後の猫の安全と大漁を祈願して石造りの小さな祠を安置し、猫神様として信仰を深めていったらしい。神主を務めた総監督の家では毎年三月一五日には祭りを行い、供物のマグロとお神酒を捧げたそうだ。また、島の漁師たちも、初漁にはマグロを供えて参拝したという。

神主を務めてきた家が島外に引っ越してしまったため、現在では社を守る人はいないらしい。けれども、その小さな祠には、たくさんの招き猫や猫を描いた石、猫のイラスト入りの色紙など、たくさんの〝猫〟が祀られていた。色紙に書かれた文章から、わざわざ遠くからも猫神様に会いに来た人がいるのがわかる。

この小さな神社は、島の人のみならず、日本中の、いや、そのうち外国の人も加わって、大勢の猫好きに守られていくのかもしれないなぁ……。

平成二一年四月、「猫神社」は、国土交通省「島の宝一〇〇景」に選定されている。

あまりに有名、
あまりに貴重な猫一匹

——日《にっ》光《こう》東《とう》照《しょう》宮《ぐう》（栃木県日光市）

東武日光線「東部日光駅」から世界遺産巡りバス「表参道」下車徒歩５分

江戸幕府初代将軍・徳川家康を神格化した東照大権現を祀る「日光東照宮」は世界文化遺産に登録されている。

「眠り猫」と同じくらい有名な「見ざる、言わざる、聞かざる」の「三猿」は神厩舎《しんきゅうしゃ》（ご神馬をつなぐ厩《うまや》）に彫刻されている。

徳川家康を祀る「日光東照宮」は、一六一七年（元和三年）に創建された神社である。世界文化遺産にも登録されている、漆や極彩色が施された豪華絢爛の社殿群、表題の〝猫〟は、この中にいる。

「眠り猫」、誰でもその名を耳にしたことがあるだろう。小さな木彫りの猫だが、江戸時代に活躍した彫刻師・左甚《ひだりじん》五郎《ごろう》作とされ、国宝に指定されている。日光東照宮の「眠り猫」は、あまりに有名、あまりに貴重な猫なのだ。

その猫は、徳川家康の墓地がある「奥宮」へと続く東回廊潜門の長押《なげし》に彫られている。赤や緑で彩られた長押、その中央で牡丹の花に囲まれて目を閉じている白黒猫。とても美しい。美しいのではあるが、思ったより小さい。横幅はせいぜい四〇cmくらいだろうか。「国宝」という響きから勝手に大きな猫を想像していただけに、ちょっとびっくりだ。猫の下には「↑頭上　眠り猫」の目立つ立て札。これがあるお陰で見落とすことはないけれど、逆に言うと、なければ見落としてしまうくらいの大きさなのである。

しかし、人を惹き付けるには十分すぎる魅力を放つ。その証拠に、日光東照宮といえば、「見ざる、言わざる、聞かざる」の「三猿」も有名で、実際、その周囲にもたくさんの人が群がって写真を撮っていたけれど、「眠り猫」も負けてはいなかった。小さな猫の下にも大勢の人が集まり、カメラのシャッ

「眠り猫」の裏側には雀の彫刻。猫が雀をすぐ側にしながらものんきにまどろんでいることから、「眠り猫」は平和な世の中を象徴しているという説が。

ターを夢中になって押していた。

ちなみに、この「眠り猫」、日の光を浴び、牡丹の花に囲まれてうたた寝をしているところから「日光」を表現して彫られたというが、実は別の意味があるとも言われている。猫の裏側には雀が彫られているのだけれど、雀を側にしながらまどろむ猫は、平和な世の中を象徴しているという説もあるのだ。また、徳川家康を埋葬した「奥宮」へはネズミ一匹通さない、つまり侵入者を断固として拒否する意味もあるのだとか。最後の説は、猫が薄目《うすめ》を開け、爪を立てているようにも見えることから、そう言われているという。確かに、見る角度によっては、そう見えなくもないけれど……。あっちから眺め、こっちから見つめ……。こうやって、「どの説を支持しようか」などと考えるのも、また楽し、だと思う。

猫が彫られた門をくぐって先に進むと、「奥宮」がある。しかし、そこに到達するには長い階段を上らなくてはならない。

私は躊躇した。「眠り猫」を見ただけで満足だったこともあり、門をくぐるのをよそうかと思ったのだけれど、「せっかく来たのだから」と思い直して階段を上り始めたが、半分くらい上ったところで後悔し始めた。階段がとにかく長いのだ（段数を数えていたけれど、途中で放棄。あとで調べたとこ

「眠り猫」の門をくぐって長い階段を上り切ると、徳川家康の墓所がある「奥宮」。ここでは「奥宮」限定の「眠り猫」にちなんだ絵馬やお守りを求めることができる。

ろでは二〇〇数段あるらしい)。

息が切れる、膝が笑う……。引き返そうかどうしようか、途中で歩を止めて迷っていたら、立て札に書かれた文字が私の目に飛び込んできた。

〈人の一生は重荷を負うて　遠き道を行くが如し　急ぐべからず。東照宮御遺訓〉

なんと含蓄のある言葉……！　私はどうにか階段を上り切った。

「徳川家康もいいこと言うねぇ、でも、奥宮は猫に関係ないけど」

などと思いながら、拝殿のほうに向かった私は、嬉しいご褒美があることを発見した。「奥宮」限定のお守りが授与されていたのだ。それは「眠り猫」が描かれた絵馬やお守りだった。長い階段を上り切った者だけが持つことを許されるお守り。「途中で引き返さないで本当に良かった」と思いながら、私はそのひとつをありがたく授かった。

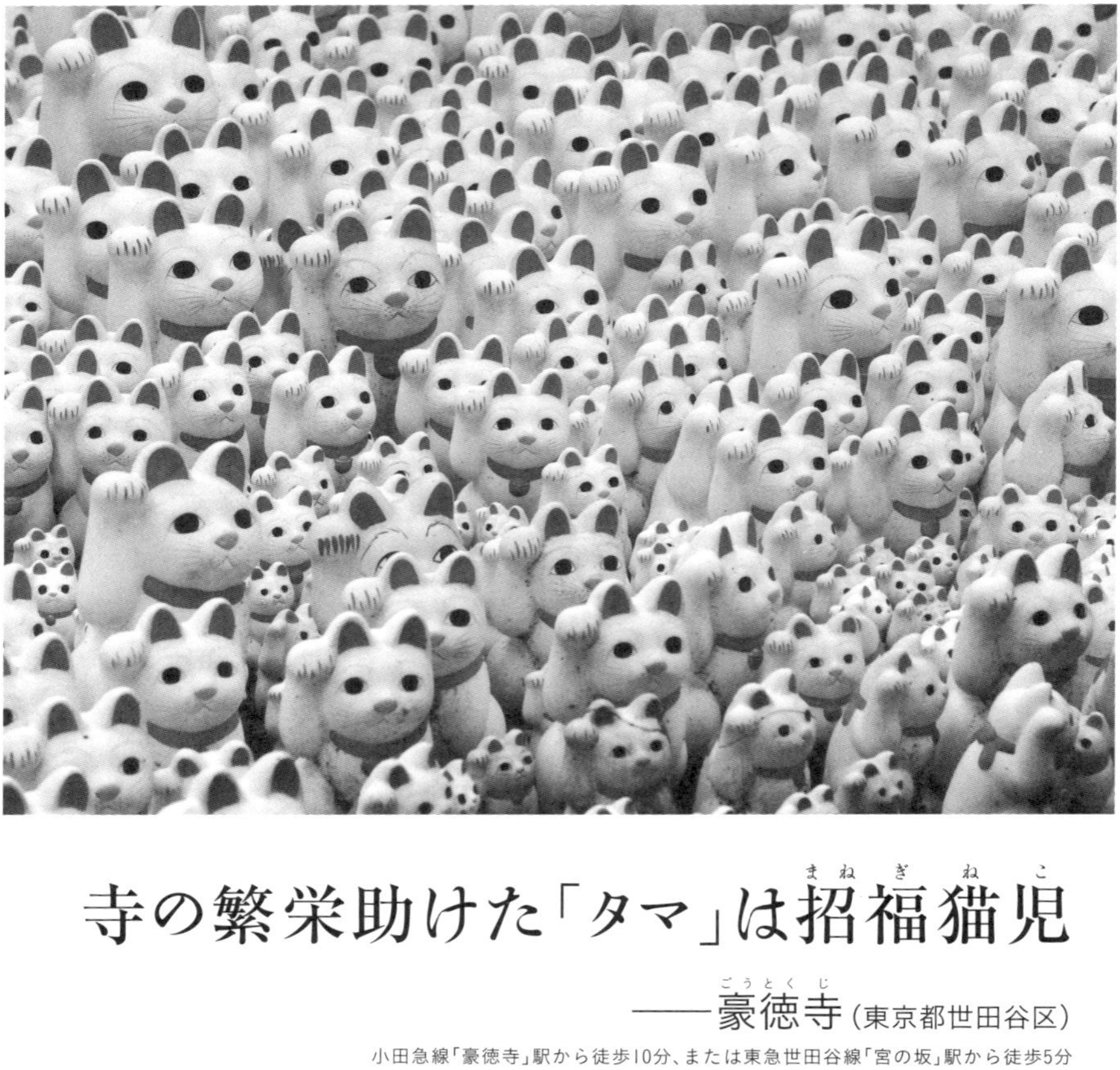

寺の繁栄助けた「タマ」は招福猫児《まねぎねこ》

——豪徳寺《ごうとくじ》(東京都世田谷区)

小田急線「豪徳寺」駅から徒歩10分、または東急世田谷線「宮の坂」駅から徒歩5分

小田急線「豪徳寺」駅の改札を抜けると、石でできた大きな招き猫が出迎えてくれる。

英語では、「Fortune cat, Lucky cat」などと呼ばれ、今では海外でも見かける招き猫。発祥の地とされる場所はいくつかあるが、そのひとつとして広く知られているのが、東京は世田谷の「豪徳寺」だ。

このお寺で授与される招き猫は江戸時代から続くもので、「招福猫児」と書いて「まねぎねこ」と呼ぶのだけれど、これにはモデルとなった猫がいるとされている。

時代は江戸時代初期に遡る。

「豪徳寺」が弘徳庵という名の小さなお寺だった頃、和尚さんにたいそうかわいがられている猫がいた。

ある夏の午後のことだった。彦根藩二代目藩主・井伊直孝が鷹狩りの帰りに寺の前を通っていたら、その猫が門前にうずくまってしきりに直孝一行を手招きした。ならば、と、直孝らは「しばらく休憩させてほしい」と門をくぐり、奥の間に通されて茶などをよばれていると、雷鳴のとどろきとともに激しい雨が降り出した。雨が上がるまで、和尚の仏の説法を聞いていた直孝は心を打たれ、「猫に招き入れられて雨をしのぎ、あなたの話を聞くことができたのも仏の因果に違いない」というようなことを話し、感謝して帰っていったという。

豪徳寺駅前商店街の別名は「たまにゃん通り」。鉄柱などにも猫のイラストが描かれていたりして、町をあげての〝猫づくし〟。

直孝の死後、遺体はこの寺に葬られ、寺名も直孝の法号をとって「豪徳寺」と改められた。その後、井伊家から田畑の寄進などもあって寺は整えられ、井伊家の菩提寺として発展していったのだった。

和尚は猫に感謝し、死後は墓を建てて冥福を祈ったというが、その猫の名前は「タマ」（と伝えられている）。このタマこそが、今日ある「招福猫児」のモデルで、後世の人がタマの姿を模した猫の人形をつくり、「招福猫児」と称して祀ったところ、吉運を呼ぶとして話題になり、徐々に世に知られるようになったというのである。

そして現在――。春は桜、初夏はつつじ、秋は紅葉……と四季折々の美しさを見せる広い境内、堂々とそびえる本堂の西側に、招福観音を祀る「招福廟」が建っている。その脇には、大小の招き猫が所狭しと並ぶ。実はここは、招き猫の奉納所。願をかけて「招福猫児」を求めた人が、願いが叶うとそれを奉納する場所だ。白に赤のアクセントが利いたシンプルな招き猫、同じものがぎっしり詰まったその空間はアートのようにも思え、猫好き人間としては、見るだけで心躍らされるが、これで満足してはいけない。

〝猫〟を求めて豪徳寺を訪れるのであれば、これを見ずして帰れないものがある。招福廟と向かい合うようにして建っている三重塔だ。落成は平成一八

殿様を招いてお寺に繁栄をもたらしたと伝えられる「タマ」がモデルになった招き猫。サイズはいろいろ。寺務所で求めることができる。

絵馬もやっぱり招き猫。その年の干支も一緒に描かれている。

年五月と、比較的新しいため、知る人はまだ少ないが、何を隠そう、この塔にも〝猫〟がいるのである。

実は私も何年か前まで知らなかった。招き猫を奉納したあと寺務所で新しいものを購入し、帰り際にもう一度招福廟に立ち寄ろうとしたところ、三重塔の前で、初老の男性が塔の中ほどを指差しながら、やはり初老の夫婦らしい男女に向かって何やら話している姿が目に留まった。

「塔に何かあるんですか？」

夫婦が立ち去ったあと、その男性に尋ねたところ、塔の軒下に猫が安置されていることを教えてくれた。言われてよく見ると、確かに塔の二層目軒下には猫がいた。木彫りの観音様の下に招福猫児と同じ赤い首輪を付けた、やはり木彫りの白い猫。その周囲には戯れる何匹かの仔猫までいるでは！

男性によると、観音様を含め、それら猫たちは、現代を代表する仏師・渡《わた》邊勢山《なべせいざん》氏の手によるもの。三重塔に配置する観音像や十二支の動物像の制作を依頼された際、「猫も一緒に」と思い付いたらしいが、豪徳寺は戒律などが厳しい禅寺である。「果たして、このような遊び心が許されるのだろうか」と思いつつも住職に打診したところ、快諾されたということだ。

この話を私にしてくれた男性はHさんといって、ボランティアのガイドさ

「招福廟」の向かいにある三重塔の軒下にも木彫りの招き猫が。観音様の下で右手を上げる白い猫のまわりで戯れる仔猫の姿も。

んだった。近所に住む人らしく、定年後、何もすることがなくしばらくぶらぶらしていたけれど、「どうせなら人の役に立とう」と、誰に頼まれたわけでもないのに、このお寺のガイドをしているという。手にした紙袋の中には豪徳寺関連の資料やら、自然が美しい境内の様子を写した写真やらをまとめたファイルが何冊も入っていた。ちなみに、そのHさんが教えてくれたところでは、かつては直孝の墓の裏手にタマが葬られた猫塚があった。赤坂の遊女などもよく参拝に訪れたらしく、猫塚にはたくさんの卒塔婆《そうとば》が立てられていた時代があったらしいということだが、現在は、そこから抜いたタマの魂は招福廟に移されているそうだ。

先日、久し振りに私は豪徳寺を訪れた。

招き猫の奉納所には以前にも増してたくさんの猫たち。最後に訪れたときには棚だけだったが、棚には置き切れなくなってしまったのか、地面にもビッシリと猫たちが並んでいた。

三重塔の猫たちは少し歳を取っていた。前に見たときはまだ新品同然で、インテリアショップに置かれた飾り物のように見えなくもなかったけれど、風雨にさらされて色褪せかけた姿がかえって重みを感じさせ、すっかりお寺

招猫観音を祀る「招福廟」脇には招き猫がズラリと並ぶ。実はここは招き猫の奉納所。願をかけて求めた招き猫を、願いが叶った暁にはこの場所に奉納するのだ。

に馴染んでいるように見えた。

これからもずっと、この猫たちはお寺とともに歴史を重ねていくのだろう。そのうちこの猫たちに新しい伝説が生まれ、一〇〇年先、二〇〇年先には、まことしやかに語り継がれているかもしれない。そう思うと、私としてはちょっと嬉しい。

「縁結びの神様」のお膝元は猫だらけ

——今《いま》戸《ど》神社《じんじゃ》（東京都台東区）

東武線・東京メトロ銀座線・都営地下鉄浅草線「浅草」駅から徒歩15分

「今戸神社」は招き猫発祥の地とも言われ、拝殿には大きな招き猫が。縁結びで知られるだけあって、猫はペアになっている。

東京は下町の浅草駅から隅田川沿いの隅田公園を歩いて一五分ほどのところにある「今戸神社」は、東京屈指の〝婚活神社〟として知られる場所だ。

祭神は、八幡神として崇敬される応神天皇、イザナギノミコトとイザナミノミコト、それに七福神のひとり福禄寿。この神社が婚活神社と言われるのは、イザナギノミコトとイザナミノミコトの二柱の神が、天神の命を受けて日本の国土を創成し、諸神を産み、山海や草木を生やしたとされる男女の神だから。ということで、この夫婦神にちなみ、縁結びの婚活神社として知られるようになったらしい。

今戸神社は、招き猫発祥の地とも言われている。招き猫は江戸時代に登場したとされているが、その始まりは今戸神社周辺で作られていた今戸焼のものだという説があるのだ。

伝承によると、江戸末期、浅草に住む老婆が貧しさゆえに愛猫を手放したところ、夢枕に猫が立ち、「自分の姿を人形にしたら福徳を授かる」と言ったそうだ。そこで、言われた通り、老婆は猫の人形を今戸焼でつくらせて浅草寺の参道で売り出してみた。すると、これが大評判になって老婆は貧しさから逃れられ、以前のように猫と一緒に暮らせるようになったという。

この招き猫と今戸神社の結びつきを示すものは確認されていないため、こ

今風のかわいらしいイラストが描かれた絵馬。いかにも縁結びのご利益がありそう。

こが招き猫発祥の地かどうかは定かでないが、現在、この神社で今戸焼の招き猫を授与しているのは紛れもない事実。オス猫とメス猫が一体になった今戸焼のそれは、商売繁盛・招福に加え、良縁を招く猫として大人気だ。

招き猫発祥の地と謳っているからかどうか、実際に訪れてみると、今戸神社は〝猫〟だらけだった。古めかしい石の鳥居をくぐって境内に足を踏み入れると、下町らしいのんびりとした風情。拝殿にはファニーな顔をしたドデカイ一対の招き猫がいて、こちらを向いて手招きし、拝殿脇には、小さな招き猫が鎮座し、庭の植え込みにも猫の置物がポツポツあり、絵馬にも今風のかわいらしい猫のイラストが描かれ、おみくじ売り場の側では「♪福よ、来い来い、招き猫♪」とノリのいい歌（どうやら神社のテーマソングらしい）が流れ……。まぁ、ここまではいいとして、モニターに映し出された映像には驚いてしまった。そこには、その音楽に乗って拝殿の前で何人かの女性と楽し気に踊るラッキー池田の姿があったのだった……!!

これは……。

一瞬戸惑いを覚えてしまったのも事実である。正直に言うと、このような軽いノリでご利益などあるのだろうか⁉　と疑ってしまったのも確かだ。

が、恐るべし、今戸神社。拝殿前の石の招き猫を携帯の待ち受け画面にし

絵馬も猫、おみくじも猫……。何から何まで猫づくしで、適齢期猫好き女子の心はくすぐられっぱなし。

たところ、福が舞い込んで来たという人が続出し、その中には宝くじで一億円が当たった人が四人もいるとか。

やっぱり、この神社には力の強い神様がいるんだなぁ。だいたいにして、「婚活、婚活」とたくさんの女性が訪れるのは、ご利益があるからこそのことだし……。

若い女性に大人気だと聞いてはいたが、今やその効験は海外にも知れ渡っているのだろうか。私が訪れたとき、駐車場には大型の観光バスが停められていて、境内は台湾かどこか中国語圏からやって来たらしい大勢の女子で賑わっていた。

彼女たちを横目に、私が拝殿に向かって手を合わせていると、目の前を白い猫がサッと横切った。ときどき神社にあらわれるという野良の「ナミちゃん」。この猫もまた、待ち受け画面にすると幸運が訪れると口コミで広まって人気者になっているとか。私が大急ぎでデジカメを構えたときには、ナミちゃんは社務所の向こうに消えたあとだった。

相手が猫なだけに、そうそうこちらの思い通りにはいかないようで。

ご利益は、失踪した愛猫が戻ってくる「猫返し」

——阿豆佐味天神社《あずさみてんじんじゃ》（東京都立川市）

JR中央線「立川」駅から立川バス①番線「砂川四番」下車徒歩1分

そもそもは村の鎮守様として創建された「阿豆佐味天神社」。

村の鎮守様として一六二九年に創建された「阿豆佐味天神社」。主祭神は、医薬・健康・知恵の神として知られる少彦名命《すくなひこなのみこと》と、文学・芸術の神である天《あめ》児屋根命《のこやねのみこと》の二柱だ。けれども、境内には、水天宮《すいてんぐう》、蚕影《こかげ》神社、八雲神社、疱《ほう》瘡社《そうしゃ》、稲荷社、天神社、御嶽《みたけ》神社と、いろいろな神社が合祀されていて、病気平癒、文学・美術上達、安座、厄よけ、縁結び、火難盗難除け、五穀豊穣……とご利益もいろいろ。要するに「阿豆佐味天神社」は、神様がたくさんおわしまして、様々なことを叶えてくださるというありがたい神社なのである。

そんな中でもよく知られているのは、「猫返し」のご利益だ。愛猫が失踪して神社にお参りをしたところ、無事に帰ってきたという声が続出し、「猫返し神社」とも呼ばれているほどなのである。

「猫返し神社」の呼称は比較的新しい。そもそもの発端は一九八〇年代後半、ジャズピアニストの山下洋輔氏が自分の体験を雑誌に書いたことだった。

その体験とは——。飼っていた猫の一匹がいなくなり、全く見当もつかず、あてもなく愛猫を探して歩き回る日々が続くこと一七日。その日の夜、やはりいつものように猫を探し回っているうち、初めて訪れる神社に遭遇。境内に入って猫の名前を呼ぶも答えはなく、思わず社殿に近寄って「愛猫を返し

「猫返し」のご利益を授けてくださるのは、養蚕の神様を祀る「蚕影神社」。天敵であるネズミから蚕を守るのは猫というわけで、社には猫像が祀られている。

てください」と祈りを捧げた。すると……。翌日の夕方、失踪して一八日目にして、ボロボロの姿ではあったが、なんとか無事に愛猫が戻ってきた――。

山下氏がこの話を書いたところ、読者からじわじわと噂が広がり、その反響も神社に届き始め、ついには神社の縁起由来文にも「猫返し神社と呼ばれる」との一文が添えられることになったという。

猫返しのご利益を授けてくださるのは、正式には、阿豆佐味天神社の中の「蚕《こ》影《かげ》神社」。昔、この地は養蚕《ようさん》が盛んだったために祀られているのだろう。蚕影神社はお蚕《かいこ》さんの神様である。お蚕さんの天敵はネズミ。というわけで、この神社の守り神は猫なのだ。

現在では、行方不明になった愛猫の無事と健康を祈る参拝者が全国から訪れる。社の近くには、地元の信者から寄贈されたという、石でできた愛らしい猫が鎮座する。「ただいま猫」と呼ばれているもので、優しく撫でて愛猫の帰りを待つといいらしい。また、見返り三毛が描かれた猫絵馬に願いを書いたら、愛猫が戻ってきたという数々の報告も寄せられている。

「どうかうちのコが無事に帰ってきますように」

「一日も早くうちの◯◯ちゃんを返してください」

境内には、愛猫家の切実な思いが書かれた猫絵馬がぎっしりと掛けられて

三毛猫が描かれた絵馬には、愛猫の帰りを待つ人たちの切実な願いが綴られている。

いる。猫好きとしては胸が熱くなり、すべての願いが叶いますようにと祈りたくなるし、できれば自分は愛猫の帰りを祈りにこの場所に来なくて済みますようにと願ってしまうのだが、よくよく絵馬を見ると、「うちの◯◯がいつまでも元気で長生きしますように」とか「天国の◯◯ちゃんが幸せでありますように」といった文言もある。

なるほど、こういうお願いでもいいわけだ。きっと、ここの神様は猫に関するお願いなら全般的に叶えてくださるに違いない。そんなわけで、この神社には愛猫家の参拝者があとを絶たないのである。

そういえば、ここは世界で唯一、ピアノソロの越天楽《えてんらく》が境内に流れる神社だそうだ。その越天楽は、猫返し神社へ感謝を込め、山下氏が演奏して録音し、CDにして贈ったものだという。

夜を守る神の使いの黒猫が招き猫に

——檀王法林寺《だんのうほうりんじ》(京都市左京区)

京阪本線「三条駅」から徒歩1分

地元の人から「だんのうさん」と呼ばれて親しまれている「檀王法林寺」は、京都三条大橋の袂にある。

そのお寺は、京都・三条大橋の袂《たもと》、賑やかな通り沿いにビルに囲まれるようにして建っている。寺社関連の招き猫としては日本最古のものだという説もある、珍しい黒い招き猫を授与するとして知る人ぞ知る存在。名前を「檀王法林寺」という。

一二七二年、この地に浄土宗の悟真寺《ごしんじ》が創建されたのが始まりだが、その後、応仁の乱をはじめ、度重なる天災人災の被害を受けて永禄年間（一五五八〜一五六九年）に焼失したと伝えられている。再興されたのは一六一一年（慶長一六年）。琉球国に渡って数カ所の寺院を建立し、沖縄の仏教文化に少なからぬ影響を与えた袋中上人《たいちゅうしょうにん》が帰朝して京都に至り、「檀王法林寺」として寺を復興させたのだ。ちなみに、沖縄の伝統的な舞踏エイサーの起源は、袋中上人が浄土念仏とともに琉球に伝えた念仏踊りにあるとされている。

こうした寺院に伝わる黒い招き猫は、江戸時代中頃から参拝者に授与していたものだという。黒色をしているのは、ここに祀られている主夜神尊《しゅやじんそん》にちなんでいるらしい。

主夜神尊は、恐怖や困難を取り除き、衆生《しゅじょう》を救護し、光をもって諸法を照らし、悟りの道を開かせる神様だ。主夜が守夜に転じて夜を守る神としても崇められ、盗難や火災を防ぐ神としても信仰を集めてきた。夜を守る神と、

本堂のショーケースには、日本各地から集められた珍しい招き猫がズラリ。信者から寄進されたものもある。

暗闇に眼を光らせる黒猫が結び付いたのか、この寺院では、黒猫は「主夜神尊の使い」ということになっているのだ。

本来、主夜神の教典に猫は登場しないけれど、この寺院でのみ登場するのは、袋中上人の経験が背景にあるのではないかとされている。

袋中上人は長い航海の旅の末に琉球に辿り着いた。古来より暴風を察知する力があって航海の守り神とされてきた猫は、必ず船に乗せられていたというから、袋中上人の船にも猫がいたのだろう。長い航海の中で袋中上人が猫との触れ合いに慰められることもあったに違いないし、安全を祈ってお経を唱える袋中上人と船の中で遊ぶ猫との間に何か素敵な物語が生まれていたのかもしれない。どちらにしても、猫好きとしては想像を掻き立てられてしまうのだが……。

霊験あらたかな主夜神尊の銘が刻まれた黒い招き猫。江戸の中頃からずっと配られてきたものの、戦後、窯元が廃業したために一時は途絶えていたが、一九九八年、およそ五〇年ぶりに復活した。現在は、毎年一二月の第一土曜日に招福猫・主夜神大祭が行われ、秘仏の主夜神像が御開帳され、参拝者には主夜神尊のお札と、厨子の中から見つかった江戸時代後期の招き猫の復刻像が授けられている。平常は寺務所で購入することもできる。

寺務所では、黒い招き猫やお守りなどを求めることができる。芸大の学生とコラボした、おみくじ付きの招福飴などポップな縁起物も。

「本堂を見せていただきたいのですが」

本堂には日本中から集められた招き猫が展示されていると聞いていたため、ぜひ一度見てみたかった。突然伺って不躾《ぶしつけ》なお願いをしてしまった私だったが、お寺の方は快く受け入れてくださった。

本堂に設置されたガラスケースの中には、色とりどりの招き猫が所狭しと陳列されていて、私の目を楽しませてくれた。でも、何より感動したのは、ご本尊の脇のほうに大切に祀られていた黒い招き猫だった。お寺の方によると、これが例の古い招き猫そのものだということだ。そんな貴重なものを拝めるとは……！　図々しいお願いをしてみて本当に良かった。

そのレプリカが、今、私の部屋に鎮座している。あのとき、帰り際に寺務所で購入したのだ。玄関のほうを向いて右手を挙げているのだけれど、果たして効果はあるのか⁉　と思っていたところ、「黒い招き猫の下には赤い座布団を敷くといい。赤を黒で押さえることになって黒字になる。つまり、お金が入る」といった記述をネットで見つけた。

金運がいまいちだったのは、だからだったんだ……。

さっそく赤い座布団を買おう！　と、はやる気持ちを抑えながら、こうして私は原稿を書いている。

日本で唯一「対の狛猫」がいる神社

——金刀比羅神社《ことひらじんじゃ》（京都府京丹後市）

北近畿タンゴ鉄道「峰山」駅から徒歩10分

狛犬ならぬ〝狛猫〟がいる神社があることを知り、いつかこの目で見てみたいとずっと思っていた。住所は京都府、最寄りは北近畿タンゴ鉄道峰山駅。聞いたこともない路線や駅名だ。ネットで路線検索してみると、京都駅から、ざっと三時間はかかる。京都にはまあまあ行く機会があるけれど、ついでに、にしては、あまりに辺鄙すぎて行く機会を逸したままだった。しかし、今度ばかりは一念発起。この際わざわざ行ってしまおう！　ということで、京都駅からレンタカーを駆って、その場所に向かったのであった。

目指すは京丹後市峰山町。すれ違う車もあまりなく、先行車も後続車も見えない京都縦貫自動車道を北へ向かってひた走る。山を越え、谷を越え……。いったいどれだけ田舎なんだ⁉　と思っていたが、着いた先は意外に開けた場所だった。目的の神社も、人里離れた山の中にひっそり佇む小さなものを想像していたのが、広い駐車場を完備した大きなもので、民家や商店がそれなりに建ち並ぶ旧街道のような道沿いに堂々と存在していた。

その名は「金刀比羅神社」。神社名からもわかるように、四国の金刀比羅宮の分霊を祀ってあるところで、「丹後のこんぴらさん」と親しまれ、聞けば、地元はもちろん、丹後一円から参詣客が訪れるという。恋い焦がれた狛猫がいるのは、その境内にある「木島《このしま》神社」だが、ここがどういう社なのかを知

どこか愛嬌のある〝狛猫〟たち。狛犬とは逆で、口を「あ」と開けた「阿形」が向かって左に、口を「うん」の形に閉じた「吽形」が右に配置されている。

れば、狛犬の代わりに狛猫、もなるほど納得だ。

木島神社は、養蚕・機織《はたおり》の神として信仰を集めてきた神社である。地名を聞いてピンと来る人もいるだろうけれど、神社のある京丹後市峰山町は丹後ちりめん発祥の地。江戸時代享保年間（一七〇〇年代前半）の頃、この地でちりめん織の技法が確立されて丹後一円に広まり、峰山は日本有数の絹織物の集散地に飛躍。町にはちりめん問屋、糸屋が軒を連ね、周辺の村々では機織りが盛んになり、農家は絹を生産するために養蚕を営んだという。

こうした背景から木島神社ができたのだが、養蚕にとって天敵はネズミである。というわけで、猫の出番だ。京都府織物・機械金属振興センターのホームページ上の記事によると、当時「蚕飼養法記」なるものでは、養蚕では良い猫を買うことが最良の方法であると勧めていて、江戸時代には定期的に〝猫市〟が立ったところもあったらしい。また、猫に代わる方法もいろいろと考えられ、「新撰養蚕秘書」では、猫の匂いに近いこんにゃく玉をネズミの通り道にこすり付けると良いと述べているとか（こんにゃくの匂いが猫の匂いに似ているなんて初耳だけど）。しかし、こうやってあれやこれやと方策を練ってみても、最終的に頼るところは神仏だった。寺社に参詣したあと、養蚕を営む者はネズミ除けのお札などを授かって帰ったらしいが、中には猫絵

絵馬を奉納する絵馬舎には〝狛猫〟の絵馬も見受けられる。

「金刀比羅神社」の200年祭式年大祭に子どもたちや市民が200対の〝狛猫〟を製作して奉納。現在、それらは神社内に展示されている。

や猫石など猫にまつわるお守りのようなものもあったという。要するに、昔の養蚕地では、今よりずっとずっと猫は崇められていて、まさに〝お猫様〟だったのだ。その〝お猫様〟が、〝狛猫〟になっても何ら不思議はない。

木島神社の狛猫は、地元の糸商人や養蚕家らによって奉納されたもので、台座の周辺には、ひとつは天保三年（一八三二年）、もうひとつは弘化二年（一八四五年）に奉献されたことが刻まれている。神社の職員の方によると、この狛猫、きちんと年号が確認できるものとしては最古らしく、対で残っているものとしては日本で唯一、ということだ。

その猫たちは、右と左に分かれて小さな社を守っていた。向かって左側の猫は仔猫を抱いて、口を「あ」と開けている。左側の猫はスクッと座って「うん」と口を閉じている。一応、狛犬の「阿吽《あうん》」を倣《なら》っているようだけれど、あえてそうなっているのか、配置は逆だった（狛犬は普通、向かって右側が「阿形《ぎょう》」といって口を開き、右側は「吽形《うんぎょう》」で口を閉じている）。それに、この猫たち、神様に仕えているというから、もっと神々しい姿なのかと思っていたのだが、見れば見るほどファニーで……。私には、そこに、この石像をつくった人やつくらせた人の、猫への愛が感じられた。この人たちも猫の魅力にやられてしまっていたんだなぁ……、きっと。

聖徳太子ゆかりの寺院に「猫の門」

——四天王寺《してんのうじ》（大阪市天王寺区）

大阪環状線「天王寺」駅から徒歩12分

「四天王寺」は、五九三年に聖徳太子によって建立された日本最古の仏教寺院。

「四天王寺」は、五九三年（推古天皇元年）、聖徳太子が鎮護国家と衆生救済のために仏教の守護神である四天王（持国天、増長天、広目天、多聞天）を安置して建てたと伝えられる寺院である。

南から北に向かって中門、五重塔、金堂、講堂といった主要な建築物が一直線上に並び、それを回廊が囲む。この配置は「四天王寺式伽藍《がらん》配置」と呼ばれ、日本ではもっとも古い建築様式のひとつ。もともと中国や朝鮮半島に見られるもので、六、七世紀の大陸の様式を今に伝える貴重なものとなっている。

この、それはそれは由緒正しき寺院に、猫好きをドキッとさせる直球ストレートな名前を持つ門がある。その名も「猫の門」。

甲子園球場の三倍の広さの四天王寺には四天王寺式伽藍のほかにもいろいろな建物が存在するが、そのひとつに聖徳太子を祀る「聖霊院《しょうりょういん》（太子殿）」がある。この建物にはふたつの門があり、ひとつは上欄に寅の彫り物の「寅の門」。この寅は、外から悪いものが入って来ないよう番をしているのだという。そしてもうひとつが「猫の門」。上欄の猫の彫り物は「聖霊院」の経堂にあるお経がネズミにかじられないように見張り番をしているのだそうだ。

さて、この「猫の門」なのであるが、実はさまざまな興味深い曰くが付い

聖徳太子の御霊を鎮魂するために建てられた「聖霊院」、その一角には「猫の門」。

「聖霊院」の拝殿上にも猫の彫刻が。「猫の門」の猫同様、経堂にあるお経がネズミにかじられないよう見張り番をしているとか。

ている。

「四天王寺」は大坂の陣（一六一四〜一六一五年）で焼失し、徳川幕府によって再建された。「猫の門」も同時に再建されたが、このときの猫は左甚五郎作と伝えられている。左甚五郎といえば、江戸時代に活躍した伝説的な彫刻職人。日光東照宮の眠り猫を彫った人物でもあり、そのことから、東照宮の猫と「猫の門」の猫は一対をなすとして有名で、大晦日と元旦には東と西とで互いに鳴き合ったと伝えられている。

残念ながら、この「猫の門」は第二次世界大戦の戦火で焼失し、現在のものは戦後に再建されたものだが、かつての門は大阪の人から〝にゃん門〟と呼ばれて親しまれていたらしい。京山幸枝若《こうしわか》の浪曲に「四天王寺の眠り猫」というものがあり、ここでも「戦災前は天王寺なる北門に残りあったる眠り猫　正月元旦来たりなば　ニャンと一声鳴いたという　誰が付けたかニャン門という」と唄われている。

さらに、この眠り猫は、夜になって人がいなくなると外へ遊びに出かけていたそうだ。そのうち人々の間で「四天王寺の猫がミナミで遊び回っている」という噂が広がり、それに困惑した寺院側は、「猫の門」の猫に金網をかけて抜け出さないようにしたという。そのため、大戦中の空襲時に逃げ出せず、

四天王寺周辺には支院がいくつかあるけれど、そのひとつ「真光院」というお寺の境内には、なぜかドラえもん地蔵があった……！　猫つながり!?

焼け死んでしまったとも……。いかにも大阪人が思い付きそうな遊び心ある曰くだ。

現在の門は、一九七九年（昭和五四年）に再建されたもの。眠り猫は、仏師である松久朋琳《まつひさほうりん》・宗琳《そうりん》父子の手によるもので、門のほかに「聖霊院」前殿の向拝（拝礼の場所）上欄でも見張り番をしている。いずれにも金網はかけられていない。お役を仰せつかって日が浅いため、今のところ真面目に働いているといったところなのだろうか。

生き狛猫「たろう」がお出迎え

——住吉大社《すみよしたいしゃ》(大阪市住吉区)

阪堺電気軌道鉄道「住吉鳥居前」駅からすぐ・南海鉄道南海本線「住吉大社」駅から徒歩3分

住吉大社の象徴ともされる反橋は、地上（人の国）と天上（神の国）とをつなぐ架け橋。境内に到達する前にこの橋を渡るのは、神様に近づくのに、罪や穢れを祓い清めるためだとか。

大阪では「すみよっさん」と言われる「住吉大社」には、たくさんの神様が祀られていて、さまざまなご利益を授かることができるが、やはり一番有名なのは商売繁盛ではなかろうか。

住吉大社では、毎月最初の辰の日に「初辰《はったつ》まいり」という行事がある。この神社独特の、商売繁盛を願う催しで、初辰の日には早朝から大勢の参詣客で賑わうという。住吉といえば商売繁盛の「はったつさん」。どうやらこれが、多くの人に共通した認識だ。「はったつさん」に参詣した人々は、「楠珺《なんくん》社《しゃ》」という末社で「招福猫」と呼ばれる土人形の猫を買い求める。袴《はかま》をつけた愛嬌のある招き猫だというが、これがまた人気らしい。

「住吉大社」にわざわざ足を運んだのは、その招き猫をこの目で確かめたかったからだ。私が訪れた日は初辰ではなかったけれど、普段の日でも、楠珺社で求めることができるという。

南海本線住吉大社駅から歩いてすぐのところに神社はあった。赤い欄干の反橋を渡り、手水舎で禊《みそぎ》を済ませ、大きな鳥居をくぐり、本殿にお参りしたまでは良かったのだが、楠珺社に行こうとすると、本殿のある場所からそちらのほうへと続く道の途中にある門が固く閉ざされているのではないか。

なんでだ⁉

毎月初めての辰の日には、商売発達を願う〝初辰まいり〟という行事が行われる。このときに参拝する「楠珺社」には袴を付けた愛嬌ある招き猫がズラリ。

お守りなどの授与所で尋ねてみると、神社自体の参拝時間は午後五時までだが、末社のほうは四時で閉めるとのこと。私の腕時計の針は四時三〇分近くを指していた。まったくついていない……。事前に確認をしなかった自分の迂闊さを呪いつつ、私は住吉大社をあとにするしかなかった。

そのとき私は、瀬戸内猫旅へと向かう途中だった。招き猫一体のために翌日まで大阪にとどまるわけにはいかなかった。瀬戸内からの復路、時間があればまた寄ってみよう。そう決め、私は下りの新幹線に飛び乗った。

それから数日後、私は再び「すみよっさん」の土を踏んだ。今度は余裕、午後四時までには十分すぎる時間があった。本殿に参拝したあと楠珺社に向かう。本殿に比べるとずっと小さな社の中には、袴をつけた招き猫たちがズラリと並んでいた。噂通り、愛嬌たっぷりで、猫好きの心をくすぐる。よく見ると、猫の中には右手を挙げているものと左手を挙げているものとがあった。聞けば、右手は商売繁盛、左手は家内安全のご利益があるというが、「はったつさん」の偶数月には右手を挙げた猫を、奇数月には左手を挙げた猫を求めるのが習わしだとか。こうして毎月一体ずつ集め、四八体揃うと満願成就。「四八辰」、つまり「始終発達」するという意味になるらしい。

その招き猫は、手のひらに乗るほどの小さなものから本物の猫くらいのサイズまで大きさは三種類。一番小さなものから買い求め、四八体揃うとそれを奉納してひと回り大きな猫と交換していくのだそうだ。しかし、一番大きいサイズが四八体揃ってしまったらどうするのだろう……。そんな素朴な疑問をぶつけたところ、神職の方が笑いながら言った。

「四八体揃えようと思うと、毎月お参りをしても四年かかるんですよ。一番小さいものを四八体揃えて中くらいのと交換して、今度は中くらいのを四八体揃えて……。一番大きいものを四八体揃えるのに何年かかることか……」

言われてみるとその通りだ。我ながら愚かな質問をしたものだと恥ながら、私は一番小さな招き猫を買い求めてそっとバッグにしまいこんだ。

ちなみに、さっきから「猫、猫」書いてはいるが、楠珺社では別に猫を祀っているわけではない。本来は稲荷神社であって、土人形の招き猫は、伏見で土人形の製法を習得した職人が伝えたもので、江戸時代から配られるようになったという。

帰り道、反橋の袂に鎮座する大きな狛犬の足元に一匹の猫を発見した。サバ白というには、サバトラ部分の黒がはっきりせず、全体的にグレーな印象

反橋の袂に鎮座する狛犬。

狛犬の足元には、生き〝狛猫〟の「たろう」が。飼い主のおとうさんと一緒にこの場所にやって来て、しばしくつろぐのが、「たろう」の日課らしい。

の強い猫だった。そのコは「暑うて暑うて、うんざりやわ〜」といった表情で、狛犬の石の台座にだらしなく寝そべっていた。その姿をしばらく立ち止まって遠巻きに見ていたら、白髪で薄いグレーのシャツに、シャツよりもう少し濃いグレーのズボンをはいた、これまた全身グレーなおじさんがやって来て、猫の頭の上に何かを置いた。近づいてよく見ると、鉢巻きのようなそれには「コマネコ　たろう」と書かれていた。おじさんによれば、「たろう」はおじさんの飼い猫で、ほぼ毎日ここにやって来て、こうして鉢巻きを頭に乗せて参拝客を迎えているらしい。

やることが大阪人らしい……。思わず「く、くっ」っと、私の口から力ない笑いが漏れた。

たろうは、鉢巻きを頭に乗せられてもまったく意に介す様子はなく、相変わらずグタッとしている。その姿を微笑ましく見つめながら、「〝猫神様〟が味方についてきてくれているんじゃないか？」と私は感じていた。この神社には二度も足を運ぶはめになってしまったけれど、二度目がなかったら、たろうには会えなかったのだ。会えたのは、猫神様の思し召しに違いない。

コマネコたろう

飼い主の無念はらした
「お玉」を祀る〝猫神さん〟

――王子神社《おうじじんじゃ》(徳島市)

JR牟岐線「文化の森駅」から徒歩35分、またはJR「徳島」駅から市営バス「市原」行終点下車、「文化の森」行乗り継ぎ

拝殿には参詣者から奉納された招き猫がびっしり。願いが叶うとここに戻すのである。

徳島市にある「王子神社」の祭神は、天照大神《あまてらすおおみかみ》の第三皇子・天津日子根命《あまつひこねのみこと》。学業成就、商売繁盛をはじめとする開運の神様として広く知られた存在だ。この神を祀っているにもかかわらず、「王子神社」は地元の人から「猫神さん」の愛称で呼ばれている。なぜか？　それは、〝阿波の猫騒動〟に由来すると伝えられている。

その騒動とは、こんな話。今から数百年前、庄屋の娘「お松」は身に覚えのない罪でとらえられ、処刑されることになってしまった。処刑される前にお松は愛猫「お玉」に言い聞かせたのだった。「私に無実の罪をかぶせた人に報復をしておくれ」と。その後、無念のままこの世を去った飼い主の思いを背負ったお玉は、お松を陥れた人々を次々と祟ることになるのだが、これを鎮めるために、この地を治めていた長谷川奉行がお松とお玉の霊を祀った。

お松とお玉の霊は、代々長谷川家によって崇敬されたというが、いつしか「願いごとを叶えてくれる猫神さん」となり、一般の人々にも親しまれるようになったらしい。もともとは、辺りを見下ろす丘の上に建っていたが、現在は、小さな山をそっくり公園にした徳島県立の施設「文化の森」の中にあるという。その場所はすぐに見つかった。森に入ってすぐのところに高台へと続く階段があり、その登り口で「猫神さん」と染め抜かれた幟《のぼり》がはためい

境内に住み着いている猫に導かれて「おうらまいり」へ。これは、社殿奥手にある社へお参りをすること。ここには、無実の罪で死刑になった「お松」と、その無念をはらした飼い猫「お玉」、そしてお猫さんが祀られている。

ていたからだ。階段の先に目的の神社は建っているようだ。

結構長い階段を上り切ったとき、私の目にまず飛び込んできたのは猫だった。一匹のキジトラが、くぐった鳥居の真正面にある社殿の前にちょこんと座っていたのだ。猫神さんに本物の猫……！

感動しながら入った社殿には、大小の招き猫がいっぱい並んでいた。願掛け招き猫といって、この猫に開運、招福、商売繁盛、試験合格などの願掛けをして成就したら、その招き猫をこの場所に戻す。実はこの神社、近年は受験の神様としての効験が広まり、毎年、年明けから入試シーズンまで県内外から参拝する受験生で賑わうらしい。したがって、春頃になると社殿には招き猫が山積みになり、お礼の鰹節もたくさん供えられるという。何でもない時期に訪れた私が見た招き猫の数は、まだまだ序の口だったのだ。

社殿を出て何気なく右手のほうを見ると、またもや猫の姿があった。今度は白黒猫が、「おうらまいり」と刻まれた石の上に佇んでいた。

またまた猫に導かれるようにして、その石の先に進むと、社殿の裏手辺りに小ぶりの拝殿があった。ここには件のお松さんと愛猫のお玉、そして、〝お猫さん〟が祀られていた。拝殿の一番左には、前足を投げ出して座った大きな猫の石像。〝心願成就さすり猫〟といって、自分の体に不調なところがあ

「おうらまいり」の社にある「さすり猫」。自分の体に不調なところがあれば、猫の体の同じ場所をさすると治るとされている。

れば、猫の体の同じところをさすれば治るらしい。隣には、人の頭ほどの大きさの〝願かけ鈴〟も置かれていた。お松さんとお玉ちゃんとお猫さんにお参りをして、さすり猫をさする。どうやらこれが「おうらまいり」ということのようだ。「おうら」の響きはサブ的な感じがしないでもないけれど、当然、こちらが目的で足を運ぶ人もいるだろう。なにせこの神社が「猫神さん」と呼ばれるゆえんは、ここにあるわけで……。

「おうらまいり」を終えて社殿の前に戻ってくると、さっき見かけた二匹のほかに、さらにもう一匹、黒猫が加わっていた。黒とキジトラと白黒、合計三匹の猫は、社務所にいた女性によると、この神社で飼っているというわけではないけれど、いつの間にか居ついてしまったため、エサを与えているという。とても人なつこい猫たちだった。近づいても逃げないどころか、撫でると気持ち良さそうに目を閉じる。境内で遊んでいた子供たちは、抱き上げて頬ずりしていたが、別に嫌がる様子もなく、されるがままになっていた。

神社のある「文化の森」には、ほかにも野良猫がいるらしい。けれど、この神社に住み着いているのは、このコたちだけ。きっと猫神さんに選ばれた猫たちなのだ。

「お松」と「三毛」を祀る〝猫まみれ〟の「猫権現」

——お松大権現《まつだいごんげん》(徳島県阿南市)

JR牟岐線「阿南」駅から阿南バス「加茂谷」行き「お松権現前」下車

鳥居横の大きな招き猫が目印。勝負事を祈ると叶えられるとして信仰を集めてきただけに、招き猫には「必勝」の文字が。

境内の裏山にある「ねこ大佛」。ちゃんと入魂されているという。

徳島市内から車で南下することおよそ一時間。目指す場所は、片田舎の集落に、山肌に沿うようにして建っていた。ひっそりと、と言いたいところだが、鳥居の横に「必勝」の文字を掲げた巨大な招き猫が鎮座し、思い切り人目を引く。通りから少し奥まったところにあるとはいえ、これでは決して見落とすことはない。

アニメチックなジャンボ招き猫と、その隣に建つ古めかしい石の鳥居。その組み合わせの妙に苦笑しつつ、鳥居をくぐって一〇段ほどの階段を上る。すると――。

境内に足を踏み入れた私の前に、いきなり驚くべき光景が広がった。境内のあっちこっちに猫の石像が鎮座し、朱色の柱や梁が美しい拝殿の正面にはたくさんの招き猫、そして、塀の上にも猫像、屋根の上にも猫像。猫、猫、猫……。目につくところすべてに〝猫〟の姿があって、まさしくそこは〝猫まみれ〟だったのだけれど、社務所の前にはなんと本物の猫四匹。一匹は茶トラの成猫、あとは白黒二匹とキジトラ一匹、この三匹は産まれてまだ日も浅いと思われる仔猫たちだ。猫のオブジェだらけの境内にリアルな猫、しかも文句なく人の心をわしづかみにする愛らしい仔猫まで……。

この、あまりに出来すぎた感じは「猫好きによる猫好きのための猫テーマ

塀の瓦にも猫モチーフ。そして、よく見ると、階段には猫の足跡が。ここはまさしく猫まみれの〝猫権現〟。

パーク」の様相を呈していないこともない。いやいや、そんなことを言ったらバチが当たってしまいそうだ。実はここ、必勝祈願が成就するとして人気があり、特に最近では受験の守り神として、効験《こうけん》あらたかなところなのである。「お松大権現」、それがこの場所の名前である。お松、聞き覚えはないだろうか。そう、王子神社の猫神さんに由来する〝阿波の猫騒動〟の主人公の名だ。偶然の一致ではない。「お松大権現」の「お松」は、正真正銘、あの猫騒動のお松さんのことなのである。つまり、ここでもお松さんとその愛猫を祀っているというわけだ。ただし、こちらのお松さんは、庄屋の娘ではなく、妻。かわいがっていた猫の名は「お玉」ではなく「三毛」。猫騒動の話も詳細に伝わっているのだけれど、その内容はここでは割愛するとして、最終的にお松は無念のまま処刑され、三毛が化け猫となって敵を打つ。そこで、お松を哀れんだ村人が、お松と三毛の霊を祀るために建てたのが、この「お松大権現」ということになっている。どうやらこちらが本家本元のようだ。

境内をぐるっと一周してみると、あちこちに屋根付きの棚が設けられ、そこにギッシリ並ぶ招き猫。ここでは、「招き猫の勧請《かんじょう》」といって、社殿に奉納されている招き猫を借りて家で祀り、一年あるいは祈願成就の際、社務所で新しいものを一体買い添えて元の社殿に返す習わしだという。ということ

境内中央の拝殿にもたくさんの招き猫が。奉納された招き猫は境内のいたるところに置かれているが、その数、なんと一万体！

参詣者が体の不調なところをさすると治るといわれる〝さすり猫〟をはじめ、境内のあちこちに猫のオブジェがあって、猫好きなら心が躍るはず！

は、境内の招き猫は増え続ける一方……。おびただしい数の招き猫が並んでいるのも納得だ。それから、不調なところをさすると治る「さすり猫」もあったし、境内から続く裏山にはちゃんと入魂されたという「ねこ大佛」もあった。ここはまさに猫だらけの〝猫権現〟だ。

社務所の前に戻ってみると、さっきから猫たちと戯れていた若い夫婦が、白黒の仔猫二匹をミカン箱に入れてもらっているところだった。

「連れて帰るの？」

私が問うと、ふたりは嬉しそうに頷いた。

社務所の人に聞くと、猫たちは勝手に住み着いており、こうやって参詣者にもらわれることも少なくないという。前日も仔猫が一匹もらわれていったばかりだとも。ちなみに、ちびキジトラのお母さんは茶トラだが、ちび白黒二匹を産んだのは別の猫。この猫たちの母猫はどこかにいなくなってしまったのか、茶トラが面倒を見ていたけれど、その夫婦は一番正しい選択をしたのだと思う。母一匹、仔一匹の母子を引き離したくはない、さりとて双子を離ればなれにするのも切なすぎる……。それならば、ということで、ちび白黒二匹をまとめて引き受けることにしたのだろう。瞬時に猫たちのことをあれこれ考えた彼らの気持ちがよくわかる。私でも同じようにしたと思う。

ミカン箱に入ったちび白黒たちは、神戸ナンバーの車でもらわれていった。それを見送ったあと、親子猫に別れを告げ、私もお松大権現をあとにした。

あの猫たちは、神戸で元気に育っているのだろうか。茶トラ母さんとちびキジトラはまだ一緒にいるのだろうか。〝猫権現〟で出会った猫たちのことを、ときどき、ふっと思い出す。

現在は受験の合格祈願に効験あらたかとされるお松大権現。受験シーズンともなると各地から受験生が訪れて合格を祈る。奉納される絵馬に描かれているのは、「お松」と飼い猫の「三毛」。

島
み

まだまだある！

全国各地のニャンクチュアリ

1 猫《ねこ》の宮《みや》（山形県高畠町）

亡くなった愛猫の冥福を祈る

●JR奥羽本線「高畠」駅から
タクシーで10分

かつては養蚕の神様として信仰を集めていたが、現在は、愛猫の健康や病気平癒を祈ったり、亡くなった猫の供養に訪れる人が多い「猫の宮」。小さな社には、詣でた人々が貼っていった猫の写真がビッシリ。写真にはそれぞれの願いが書き込まれ、愛猫への切なる思いが伝わってくる。近くには「犬の宮」もあり、双方が一対のものとして祀られている。

2 南部神社《なんぶじんじゃ》（新潟県長岡市）

養蚕の守り神「猫又権現」

●JR上越線「長岡」駅から
バス「栃尾車庫前」乗り換え、「森上」下車

南北朝時代の武将・新田義貞の家臣・野淵某が建立したと伝えられる神社。別名を「猫又権現」といい、ネズミを退治する養蚕の守り神として信仰を集めてきた。社殿前には猫の像も鎮座する。毎年5月8日に行われる「百八灯《ひゃくはっとう》」は、参拝者がそれぞれロウソクを奉納する供養で、真っ暗な中に無数のロウソクの灯りが揺らめくさまは、まさに幽玄。

3 養蚕神社《ようさんじんじゃ》（群馬県長野原町）

かつての呼び名は〝猫石明神〟

●JR吾妻線「群馬大津」駅から徒歩20分

かつてこの地で養蚕を営んでいた人々が、天敵のネズミから蚕を守るためにお参りしたのが「養蚕神社」。昔は〝猫石明神〟と呼ばれ、ネズミ除けの神様として崇められていた。祠の前にこぶし大の石がたくさん置かれていたが、桜の季節の春祭に参詣したあと、それをもらって帰って家に祀っておくと、ネズミの害を防ぐことができると信じられていたという。

4 少林寺《しょうりんじ》（埼玉県寄居町）

**茶釜のフタを持って踊った
猫の恩返し伝説が伝わる**

●秩父鉄道「波久礼」駅から徒歩15分

寺で飼われていた一匹の猫が、毎夜、茶釜のフタを持って踊っていた。それを知った和尚は「踊られるのは困る」と猫に暇を出したのだが、猫はお世話になった恩返しにと、寺の格を上げる行いをしたという伝説がある。境内には、その猫がフタを持って踊ったとされる大きな茶釜が残されている。

5 自性院《じしょういん》（東京都新宿区）

祀られているのは二対の猫地蔵

●都営地下鉄大江戸線
「落合南長崎」駅から徒歩5分

江戸時代には「猫寺」あるいは「猫地蔵」と呼ばれて親しまれていたという、歴史あるお寺。戦国武将・太田道灌《おおたどうかん》が奉納したとされる猫地蔵と、江戸時代に貞女の誉れ高かったひとりの女性の冥福を祈って納められた猫面地蔵の二対の猫地蔵尊が祀られている。これらの地蔵は秘仏とされて普段は見ることができないが、毎年２月３日の節分の日に一般にも開帳される。

6 回向院《えこういん》（東京都墨田区）

浮世絵師・歌川国芳《うたがわくによし》の愛猫も眠る

●JR総武線「両国」駅から徒歩３分

江戸時代初期に建立された寺院。四代将軍家綱が愛馬を葬ったことから、江戸庶民の中にも飼っていた犬や猫をここに葬ることが広まっていったとか。浮世絵師の歌川国芳は猫好きだったことでも知られているが、彼の愛猫はすべてこのお寺に眠っている。いつも魚をくれる魚屋に恩返しをしようとして殺されてしまった猫を葬った、江戸時代後期に建てられた「小判猫の墓」もある。

7 大信寺《だいしんじ》（東京都港区）

三味線屋の看板猫が
祀られるお寺

●都営地下鉄三田線・東京メトロ南北線
「白金高輪」駅から徒歩5分

江戸三味線製作の祖である石村近江《いしむらおうみ》の菩提寺で「三味線寺」とも称されたお寺。江戸時代、四谷伝馬町にあった三味線屋「ねこ屋」で飼われていた「駒」という名前の猫を祀った愛猫塚がある。この塚にお参りすると厄除けや開運になると噂が広まり、ここを訪れる人が増えていったという。この寺院では、現在でもペット供養が行われている。

8 安宮神社《やすみやじんじゃ》（長野県筑北村）

およそ650体の石仏の中には
「猫神様」の姿も！

●JR篠ノ井線「聖高原」駅からタクシーで15分

長野県の筑北村から青木村へと続く修《しょ》那羅《なら》峠《とうげ》に、地元では「ショナラ様」と呼ばれる修那羅山がある。「安宮神社」はその中腹にある神社で、江戸末期に建立されたらしい。神社裏手の山道にはこれまでに奉納された約650体の石仏、中には、ちょこんと座る「猫神様」の姿も。この神社が養蚕祈願やネズミ除け祈願の信仰を集めてきたことを考えれば、猫神様が鎮座するのも納得だ。

9 法蔵寺《ほうぞうじ》（長野県小川村）

「信州の猫寺」として
知られる古刹《こさつ》

●JR篠ノ井線・長野新幹線「長野」駅から
バス「高府」下車タクシーで15分

室町時代初期に創建された、曹洞宗の古刹だが、「信州の猫寺」としても有名。この寺に飼われていた三毛猫が住職の袈裟を拝借してお経を唱えたという伝説が残っているからだ。現在も、その猫を祀った猫塚があり、猫が着たという袈裟も寺宝として代々受け継がれている。境内には、袈裟をかけて念仏を唱える三毛の石像もある。

10 龍昌寺《りゅうしょうじ》（石川県輪島市）

花街の人々に愛された「猫寺」

●JR北陸本線「金沢」駅から
バス「輪島」下車タクシーで20分

1561年に創建された曹洞宗の寺院で、江戸時代頃からは、飼っていた猫をこの寺に葬る人が増え、「猫寺」と呼ばれるようになったとか。現在は輪島市に移転しているが、かつては金沢市内にあって周辺は郭街。芸者衆や遊女が寺の境内にあった金毘羅さんに参詣し、また、愛猫をこの寺で供養したという。寺には現在も、檀家である花街の人から奉納された石造りの猫の像が残っている。

11 称念寺《しょうねんじ》（京都市上京区）

猫の恩返し伝説と
猫の姿をした〝猫松〟がある

●JR「京都駅」からバス「乾隆校前」下車徒歩５分

1606年に建立された浄土宗の寺院。猫の恩返しでお寺が復興したという伝説があることから「猫寺」の愛称を持つ。境内には、当時の和尚がその愛猫を偲んで植えたとされる老松も残る。一本の太い枝が地面と平行に20mも横に伸びた姿は、猫が伏したように見えることから〝猫松〟とも呼ばれる。早くから動物供養を行ってきた寺としても有名だ。

12 和歌浦天満宮《わかうらてんまんぐう》（和歌山市）

本殿には左甚五郎《ひだりじんごろう》作の「眠り猫」

●JR阪和線「和歌山」駅から
バス「権現前」下車徒歩５分

菅原道真を祭神とする天満宮。村上天皇の時代（964～968年）の創立とされている。兵乱によって焼失するなどして一時衰退したこともあったというが、江戸時代に入ってから紀州藩の歴代藩主の庇護のもとに社殿などを再建。1604～1606年にかけて建造された本殿や楼門は重要文化財に指定されている。その本殿には左甚五郎作と伝えられる「眠り猫」の彫刻が！

13 猫薬師《ねこやくし》（鳥取市）

長者と猫の伝説が残されている

●JR山陰本線「鳥取」駅からバス「高住」下車

鳥取市の西部に「湖山池《こやまいけ》」と呼ばれる湖があり、その中に「猫島」という小さな島が浮かび、ここに祀られているのが「猫薬師」。かつてこの場所には広大な水田が広がっていたが、その所有者である長者が天を恐れず陽を招く罪を犯したため、水田が一夜にして湖に変えられてしまったという。「猫薬師」には、その長者に飼われていた猫の伝説が伝わっている。

14 猫神社《ねこじんじゃ》（高知県須崎市）

喘息《ぜんそく》を治してくださる「猫神様」

●JR土讃線「須崎」駅から車で20分or
「多ノ郷」駅から徒歩50分

江戸中期、あるお寺で飼われていた大猫がいた。この猫、いたずらが過ぎてついには和尚から追放され、流れ流れて、今の「猫神社」が建つ集落に辿り着いた。そして、深く反省した猫は、お世話になった和尚が高徳を謳われるように尽力し、死後、「猫さん」としてこの神社に祀られたという。代々近隣の人に守られてきた「猫神社」。喘息治癒の効験あらたかとされている。

15 生善院《しょうぜんいん》（熊本県水上村）

その始まりから猫にゆかりの深い寺

●くま川鉄道「湯前」駅下車徒歩30分

「生善院」が建つ場所には、かつて「普門寺」があった。あるとき、ここの住職が無実の罪を着せられて殺されてしまったが、その母が息子の怨みをはらすために怨霊となるべく、愛猫と投身自殺をはかる。その後、敵が変死するなどしたため、住職と母、そして猫の霊を鎮めるために、1625年に建てられたのが「生善院」。山門では石造りの猫、境内にも猫の姿をした地蔵が祀られている。

16 猫神神社《ねこがみじんじゃ》（鹿児島市）

祀られているのは島津軍の〝猫軍〟

●JR鹿児島本線・九州新幹線「鹿児島中央」駅から
バス「仙巌園」下車

島津家の別邸があった「仙巌園《せんがんえん》」の一角に建つのが「猫神神社」。豊臣秀吉が朝鮮に出兵した際、島津家も参戦したが、そのとき島津軍は7匹の猫を連れていた。この猫たちは〝猫軍〟と呼ばれたが、生還できたのはたったの二匹で、その猫たちが祀られている神社である。ちなみに、〝猫軍〟の任務は、瞳孔の開き具合でおおまかな時刻を人間に知らせるためだったらしい。

ニャンクチュアリ
2013年9月20日　初版第1刷発行

著　佐藤ピート（さとうぴーと）
写真　岡本成生（おかもとまさお）

装丁　高橋美緒（TwoThree）
編集　圓尾公佑
営業　雨宮吉雄、横山綾、江口真太郎

発行人　木村健一
発行所　株式会社イースト・プレス
東京都千代田区神田神保町2-4-7久月神田ビル8F
TEL　03-5213-4700
FAX　03-5213-4701
http://www.eastpress.co.jp/

印刷所　中央精版印刷株式会社

ISBN978-4-7816-1024-5
©PETE SATO/MASAO OKAMOTO, Printed in Japan 2013